高等职业教育系列教材

Creo 3.0 项目教程

李汾娟 李 程 编著

机 械 工 业 出 版 社

本书按照"项目导向，任务驱动"的教学模式编写，以 Creo 3.0 为载体，采用大量的项目案例，全面地讲解了 Creo 3.0 软件的使用方法和技巧，主要内容包括 Creo 3.0 入门基础知识、二维图形草绘、三维实体建模、组件的虚拟装配、工程图的创建和综合课程设计项目。

本书讲解详细，通俗易懂，具有很强的实用性和可操作性，不仅适合作为高职高专院校相关专业和社会培训机构的教材，也可供广大工程技术人员自学与参考。

本书配有授课电子课件和相关源文件，需要的教师可登录机械工业出版社教育服务网 www.cmpedu.com 免费注册后下载，或联系编辑索取（QQ：1239258369，电话：010 – 88379739）。

图书在版编目（CIP）数据

Creo 3.0 项目教程/李汾娟，李程编著 . —北京：机械工业出版社，2017. 8
（2021. 8 重印）
高等职业教育系列教材
ISBN 978-7-111-57430-9

Ⅰ . ①C… Ⅱ . ①李… ②李… Ⅲ . ①机械设计 – 计算机辅助设计 – 应用软件 – 高等职业教育 – 教材 Ⅳ . ①TH122

中国版本图书馆 CIP 数据核字（2017）第 167840 号

机械工业出版社（北京市百万庄大街 22 号 邮政编码 100037）
策划编辑：曹帅鹏 责任编辑：曹帅鹏
责任校对：张艳霞 责任印制：单爱军
北京虎彩文化传播有限公司印刷

2021 年 8 月第 1 版·第 2 次印刷
184mm×260mm·17.5 印张·427 千字
标准书号：ISBN 978-7-111-57430-9
定价：46.00 元

电话服务 网络服务
客服电话：010 – 88361066 机 工 官 网：www.cmpbook.com
010 – 88379833 机 工 官 博：weibo.com/cmp1952
010 – 68326294 金 书 网：www.golden – book.com
封底无防伪标均为盗版 机工教育服务网：www.cmpedu.com

前　言

　　Creo 软件是美国 PTC 公司闪电计划所推出的一款新型产品，它整合了 Pro/Engineer 的参数化技术、CoCreate 的直接建模技术和 ProductView 的三维可视化技术，Creo 软件具备互操作性、开放、易用三大特点，针对不同的任务应用采用更为简单化的子应用方式。

　　本书采用 Creo 3.0 版本，按照项目驱动教学理念进行编写，以项目为主线，重点讲解 Creo 3.0 软件的实用性操作方法与技巧，将相关知识点融入项目中。通过项目学习让学生了解"是什么"（what），"怎么做"（how），产生感性认识，然后将相关知识点拓展与深入，让学生明白"为什么"（why），最后通过大量练习与指导加深学生对相关命令的理解与灵活应用。以项目推进知识的深入与完善，在项目中不断巩固学生对知识的理解与运用。

　　项目 1 为 Creo 3.0 入门基础知识，项目 2 至项目 5 的任务中包含任务学习、任务注释、知识扩展和课后练习 4 个部分，先讲解一个任务的制作过程，再对任务中学习到的命令进行讲解，之后针对相关知识点进行拓展训练，并辅之以大量课后练习，使学生达到对知识点的理解与技能的提升。项目 6 为综合课程设计项目。

　　本书主要特点：

　　1）实用性。本书以项目形式展开理论知识，范例丰富，让学生在明确学习目标的基础上，变被动学习为主动，增强学生学习的主观能动性。

　　2）针对性。根据企业行业的真实使用情况，重点讲解基于 Creo 3.0 的产品三维建模与虚拟装配，使本书更具针对性。

　　3）示范性。每部分的讲授内容与方式经过编者多年的授课经验积累，使本书既适合自学，也适合高校与培训机构使用。

　　本书以学生对 Creo 3.0 软件的认知过程以及产品建模的实际情况出发，将主要内容分为 Creo 3.0 入门基础知识、二维图形草绘、三维实体建模、组件的虚拟装配、工程图的创建和综合课程设计项目。

　　本书由苏州工业园区职业技术学院李汾娟老师和苏州工艺美术职业技术学院李程老师编写，其中李汾娟负责项目 3、项目 4、项目 6 的编写与全书的统稿工作，李程负责项目 1、项目 2 和项目 5 的编写并负责全书的审稿工作。

　　由于编者水平有限，书中难免存在不足之处，恳请广大读者批评指正并提出宝贵的意见，可发送邮件到电子邮箱 lifenjuanabc333@ sina. com。

编　者

目　录

项目1　Creo 3.0 入门基础知识

任务1.1　认识 Creo 软件功能

Creo 软件是美国 PTC 公司闪电计划所推出的一款新型产品，它整合了 Pro/Engineer 的参数化技术、CoCreate 的直接建模技术和 ProductView 的三维可视化技术，针对不同的任务应用采用更为简单化的子应用方式，Creo 具备互操作性、开放、易用三大特点。Creo 内容涵盖了产品从概念设计、工业造型设计、三维建模设计、分析计算、动态模拟与仿真、工程图输出，到生产加工成产品的全过程，应用范围涉及航空航天、汽车、机械、数控（NC）加工以及电子等诸多领域。

1.1.1　Creo 软件主要应用模块

Creo 通过整合原来的 Pro/Engineer、CoCreate 和 ProductView 三个软件后，重新分成各个更为简单而具有针对性的子应用模块，所有这些模块统称为 CreoElements。而原来的三个软件则分别整合为新的软件包中的一个子应用。

1）Pro/Engineer 整合为 CreoElements/Pro™。

2）CoCreate 整合为 CreoElements/Direct™。

3）ProductView 整合为 CreoElements/View™。

整个 Creo 软件包将分成 30 个子应用，所有这些子应用被划分为四大应用模块。

1. AnyRoleAPPs（应用模块）

Creo 软件中的 AnyRoleAPPs 在恰当的时间向正确的用户提供合适的工具，使组织中的所有人都参与到产品开发过程中。最终实现激发新思路、创造力和个人效率的效果。

2. AnyModeModeling（建模模块）

Creo 软件提供业内唯一真正的多范型设计平台，使用户能够采用二维、三维直接或三维参数等方式进行设计。在某一个模式下创建的数据能在任何其他模式中访问和重用，每个用户可以在所选择的模式中使用自己或他人的数据。此外，Creo 的 AnyMode 建模将让用户在模式之间进行无缝切换而不丢失信息或设计思路，从而提高团队效率。

3. AnyDataAdoption（采用模块）

Creo 的分析子应用用户能够统一使用任何 CAD 系统生成数据，从而实现多 CAD 设计的效率和价值。参与整个产品开发流程的每一个人，都能够获得并重用 Creo 产品设计应用软件所创建的重要信息。此外，Creo 将提高原有系统数据的重用率，降低了技术锁定所需的高昂转化成本。

4. AnyBOMAssembly（装配模块）

Creo 软件为团队提供所需的能力和可扩展性，以创建、验证和重用高度可配置产品的信息。利用 BOM 驱动组件以及与 PTCWindchillplm 软件的紧密集成，用户将开启并达到团队乃至企业前所未有过的效率和价值水平。

1.1.2 Creo 软件的功能特色

作为 PTC 闪电计划中的一员，Creo 具备互操作性、开放、易用三大特点。在产品生命周期中，不同的用户对产品开发有着不同的需求，不同于其他解决方案，Creo 旨在消除 CAD 行业中几十年迟迟未解决的问题。

1）解决机械 CAD 领域中未解决的重大问题，包括基本的易用性、互操作性和装配管理。

2）采用全新的方法实现解决方案（建立在 PTC 的特有技术和资源上）。

3）提供一组可伸缩、可互操作、开放且易于使用的机械设计应用程序。

4）为设计过程中的每一名参与者适时提供合适的解决方案。

任务 1.2 Creo 3.0 用户界面和文件操作

本任务将认识 Creo 3.0 软件的用户界面与文件操作要求。

1.2.1 任务学习

1. 设置 Creo 工作目录   ——设置 Creo 工作目录【1】[⊖]

（1）启动 Creo 3.0 软件

在安装完 Creo 3.0 软件之后，可以通过双击桌面的 PTC Creo Parametric 3.0 M010 快捷图标或选择【开始】菜单→【所有程序】→【PTC Creo】→【Creo Parametric 3.0】命令，启动 Creo 3.0 软件。

（2）设置工作目录

① 单击"选择工作目录"按钮，或者选择【文件】下拉菜单→【管理会话】→【选择工作目录】命令。

② 系统弹出"选择工作目录"对话框，如图 1-2-1 所示，选择 D 盘，在 D 盘中新建文件夹"creo_practice"，并选取目录"creo_practice"，单击对话框中"确定"按钮。

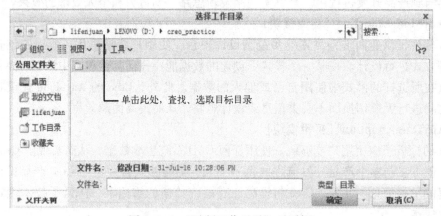

图 1-2-1 "选择工作目录"对话框

⊖ 相关内容在任务注释一节会有详细介绍。

2

2. Creo 3.0 新建文件

进入 Creo 3.0 后，单击"新建"按钮，系统弹出"新建"对话框，选择类型"零件"，输入名称"1−1practice"，将复选框"使用默认模板"的对勾去掉，单击"确定"按钮，系统进入"新文件选项"对话框，选择"mmns_part_solid"选项，以公制毫米为单位建模，如图1−2−2所示，单击"确定"按钮，进入 Creo 3.0 实体建模用户界面。

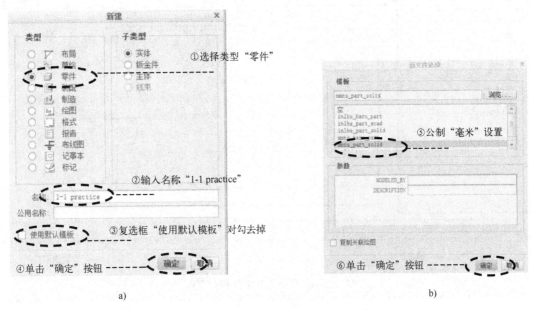

a)   b)

图1−2−2　新建文件

a)"新建"对话框　b)"新文件选项"对话框

注意：输入文件名称时，"1−1practice"中不能出现空格！

3. Creo 3.0 用户界面

Creo 3.0 软件用户界面包括：导航选项卡区、快速访问工具栏、标题栏、功能区、视图控制工具条、图形区、消息区、智能选取栏和菜单管理器区（图中菜单管理区未弹出）等，如图1−2−3所示。

（1）导航选项卡区

导航选项卡区包含三个选项卡："模型树或层树""文件夹浏览器"和"收藏夹"。

①"模型树"中列出了当前活动文件中的所有零件及特征，并以树的形式显示模型结构，根对象（活动组件或零件）显示在模型树的顶部，其从属对象（零件或特征）位于根对象之下。如：在活动装配文件中，"模型树"列表的顶部是组件，组件下方是各个元件零件的名称；在活动零件文件中，"模型树"列表的顶部是零件，零件下方是各个特征的名称。若打开多个 Creo 模型，则"模型树"只反映活动模型的内容。

②"文件夹浏览器"类似于 Windows 的"资源管理器"，用于浏览文件。

③"收藏夹"用于有效组织和管理个人资源。

（2）快速访问工具栏

快速访问工具栏中包括新建、保存、修改模型和设置 Creo 环境的一些命令。快速访问工具栏为快速进入命令及设置工作环境提供了极大的方便，用户可以根据具体情况定制快速

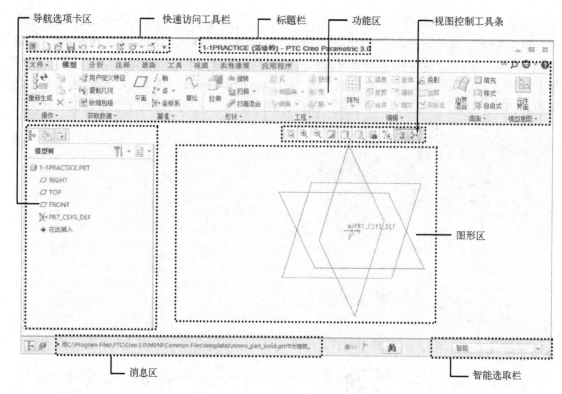

图 1-2-3　Creo 3.0 软件用户界面

访问工具栏。

（3）标题栏

标题栏显示了当前的软件版本以及活动的模型文件名称。

（4）功能区

功能区中包含"文件"下拉菜单和命令选项卡，命令选项卡显示了 Creo 中的所有功能按钮，并以选项卡的形式进行分类。用户可以根据需要自己定义各功能选项卡中的按钮，也可以自己创建新的选项卡，将常用的命令按钮放在自己定义的功能选项卡中。

◇"文件"选项卡：新建文件、文件存取与原理。

◇"模型"选项卡：包括所有的零件建模工具。

◇"分析"选项卡：模型分析与检查工具。

◇"注释"选项卡：创建和管理模型的 3D 注释。

◇"渲染"选项卡：对模型进行渲染、通过材质、场景等设置，得到高质量的逼真显示。

◇"工具"选项卡：建模辅助工具。

◇"视图"选项卡：模型显示的详细设定。

◇"柔性建模"选项卡：对模型的直接编辑。

◇"应用程序"选项卡：切换到其他应用模块，如机构仿真、动画制作、结构分析等。

注意：在 Creo 3.0 软件使用中，用户会看到有些菜单命令和按钮处于非激活状态（呈灰色），这是因为它们目前还没有处在发挥功能的环境中，一旦进入与它们有关的使用环

4

境，便会自动激活。

（5）视图控制工具条

"视图控制"工具条是将视图功能选项卡中部分常用的命令按钮集成在一个工具条中，以便随时调用，如图1-2-4所示。

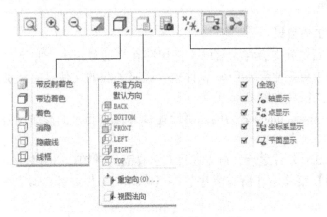

图1-2-4 "视图控制"工具条

命令说明如下。

◇ "重新调整"按钮：调整缩放等级以全屏显示对象。

◇ "放大"按钮：放大目标几何，以查看更多的几何细节。

◇ "缩小"按钮：缩小目标几何，以获得更广阔的几何上下文透视图。

◇ "重画"按钮：重绘当前视图。

◇ "显示样式"按钮：分为"带反射着色""带边着色""着色""消隐""隐藏线""线框"6种显示样式。

◇ "已保存方向"按钮：用户可选择视图的方向。

◇ "视图管理器"按钮：可创建、定义简化表示以及创建截面等。

◇ "基准显示过滤器"按钮：可以控制是否显示基准轴、基准点、坐标系和基准面。

◇ "注释显示"按钮：打开或关闭3D注释及注释元素。

◇ "旋转中心"按钮：显示并使用默认的旋转中心，或隐藏旋转中心使用指针位置作为旋转中心。

（6）图形区

Creo 3.0软件各种模型图像的显示区。

（7）消息区

在用户操作软件的过程中，消息区会实时显示与当前操作相关的提示信息等，以引导用户操作。消息区有一个可见的边线，将其与图形区分开，若要增加或减少可见消息行的数量，可将鼠标指针置于边线上，按住鼠标左键，将鼠标指针移动到所期望的位置。

消息分为5类，分别以不同的图标提醒：

➡ 提示　• 信息　⚠警告　🖼出错　❌危险

（8）智能选取栏

智能选取栏也称过滤器，主要用于快速选取某种所需要的要素（如几何、基准等）。

(9) 菜单管理器区

菜单管理器是一系列用来执行 Creo 内某些任务的层叠菜单。菜单管理器的菜单随模式而变，其菜单上的一些选项与菜单条的选项相同。在进行某些操作时，系统会在屏幕右侧弹出此菜单。

1.2.2 任务注释

1. 设置 Creo 工作目录

Creo 软件在运行过程中会将大量的文件保存在当前目录中，并且也常常从当前目录中自动打开文件，为了更好地管理 Creo 软件中大量有关联的文件，应特别注意，在进入 Creo 后，开始工作前首先需要设置 Creo 工作目录。

以工作目录 D:\creo_practice 为例说明设置 Creo 工作目录的操作过程。

(1) 启动 Creo 3.0 软件

在安装完 Creo 3.0 软件之后，可以通过双击桌面的 PTC Creo Parametric 3.0 M010 快捷图标或选择【开始】菜单→【所有程序】→【PTC Creo】→【Creo Parametric 3.0】命令，启动 Creo 3.0 软件。

(2) 设置 Creo 工作目录

① 单击"选择工作目录"按钮，或者选择【文件】下拉菜单→【管理会话】→【选择工作目录】命令。

② 系统弹出"选择工作目录"对话框，如图 1-2-5 所示，选择 D 盘，在 D 盘中查找文件夹"creo_practice"，并选取目录"creo_practice"，单击对话框中"确定"按钮。

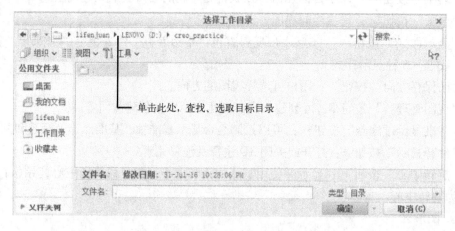

图 1-2-5 "选择工作目录"对话框

完成操作后，目录 D:\creo_practice 变成当前工作目录，后续文件的创建、保存、自动打开、删除等操作都将在该目录中进行。

2. 文件操作

(1) 新建文件

单击"新建"按钮，系统弹出"新建"对话框，如图 1-2-6 所示。

1) 新建文件主要类型。

单击"类型"列表区的不同单选按钮，以新建不同类型的文件。主要的文件类型包括：

◇"草绘"类型：用于 2D 草图绘制，扩展名为 *.sec。

◇"零件"类型：包括 3D 零件设计、3D 钣金设计等，扩展名为 ∗.prt。

◇"装配"类型：包括 3D 装配设计、机构运动分析等，扩展名为 ∗.asm。

◇"制造"类型：包括模具设计、NC 加工编程等，模具设计的扩展名为 ∗.asm，NC 加工编程的扩展名为 ∗.mfg。

◇"绘图"类型：实现 2D 工程图的制作，扩展名为 ∗.drw。

2) 新建文件公制模板。

默认情况下，新建文件时使用的是英制模板（inbls）。因此，在新建文件时，请取消勾选"使用默认模板"复选框，然后单击"确定"按钮，系统进入"新文件选项"对话框，如图 1-2-7 所示，在对话框中间的模板列表区单击"mmns_part_solid"选项，选择公制模板，然后单击"确定"按钮，新建文件完成。

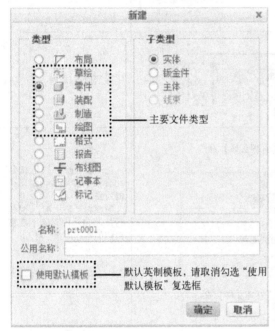

图 1-2-6 "新建"对话框

图 1-2-7 "新文件选项"对话框

（2）主要的文件操作

Creo 3.0 软件中除了新建文件，还有表 1-1 所示的主要的文件操作。

表 1-1 主要的文件操作

文件操作	输入命令	备注
保存文件	"保存"按钮	系统将按设定的工作目录将打开的文件进行保存。保存时，新文件不会覆盖旧文件，而是自动生成新版次的文件
打开文件	"打开"按钮	打开现有模型

文 件 操 作	输 入 命 令	备　　注
关闭文件窗口	"关闭"按钮	关闭窗口并将对象留在会话中，关闭窗口时，文件并不会自动存盘，关闭的文件仍驻留在内存
多文件窗口切换	单击此处选择要激活的窗口	单击此处选择要激活的窗口
后台文件激活		激活此窗口
拭除（清理内存）	选择【文件】下拉菜单→【管理会话】命令 管理会话 拭除当前(C) 从此会话中移除活动窗口中的对象。 拭除未显示的(D) 从此会话中移除不在窗口中的所有对象。	"拭除当前"按钮指从此会话中移除活动窗口中的对象。 "拭除未显示的"按钮指从此会话中移除不在窗口中的所有对象
删除旧版本	选择【文件】下拉菜单→【管理文件】命令 管理文件 重命名(R) 重命名当前对象和子对象。 删除旧版本(O) 删除指定对象除最高版本号以外的所有版本。 删除所有版本(A) 从磁盘删除指定对象的所有版本。	"删除旧版本"按钮指删除指定对象除最高版本号以外的所有版本。 "删除所有版本"按钮指从磁盘删除指定对象的所有版本

项目 2　二维图形草绘

任务 2.1　垫片的二维草绘——学习 Creo 草绘思路与简单图形绘制

在 Creo 3.0 软件中进行三维建模时，首先需要创建基础特征，然后再进行添加材料、去除材料来完成零件的三维建模的创建。在整个设计过程中，草绘是最基本和最关键的设计步骤，只有熟练掌握各种绘图工具的使用，才能更好地完成后面的三维建模。

本项目将以图 2-1-1 所示垫片的二维草绘，说明 Creo 3.0 软件草绘思路和简单图形的草绘方法。

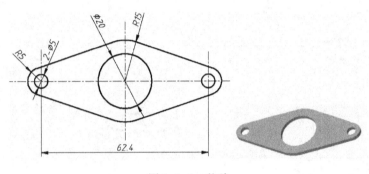

图 2-1-1　垫片

2.1.1　任务学习

1. 新建文件

（1）设置工作目录

① 启动 Creo 3.0 软件，单击"选择工作目录"按钮，或者选择【文件】下拉菜单→【管理会话】→【选择工作目录】命令。

② 系统弹出"选择工作目录"对话框，如图 2-1-2 所示，选择 D 盘，在 D 盘中新建文件夹"creo_practice"，并选取目录"creo_practice"，单击对话框中的"确定"按钮。

（2）新建文件　　　　　　　　　　　　　　　　　　　　——进入草绘模式的方法【1】

① 单击"新建"按钮，系统弹出"新建"对话框，选择类型"零件"，输入名称"2-1practice"，将复选框"使用默认模板"的对勾去掉，单击"确定"按钮，系统进入"新文件选项"对话框，选择"mmns_part_solid"选项，以公制毫米为单位建模，如图 2-1-3 所示，单击"确定"按钮，进入 Creo 3.0 实体建模用户界面。

② 单击"模型"选项卡"基准"区域中的"草绘"按钮，系统弹出"草绘"对话框，选择 TOP 基准平面作为草绘平面，系统自动选择 RIGHT 基准平面为参考平面，方向为右，如图 2-1-4 所示，单击"草绘"按钮，系统进入草绘模式。

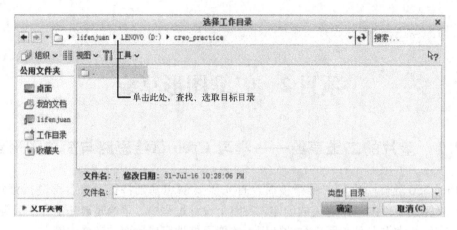

图 2-1-2 "选择工作目录"对话框

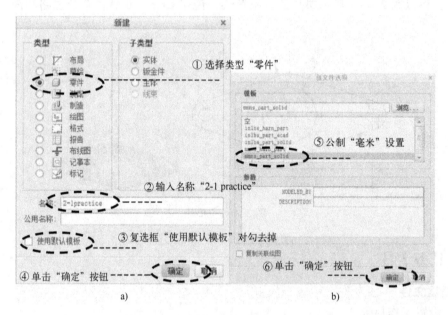

a) b)

图 2-1-3 新建文件

a)"新建"对话框 b)"新文件选项"对话框

③ 单击"视图控制"工具条中的"草绘视图"按钮 ，让草绘平面与视图平行，如图 2-1-5 和 2-1-6 所示。 ——视图控制工具条【2】

2. 垫片的二维草绘

垫片的二维草绘需通过 5 个步骤：草绘图元、修正图元、标注尺寸、修改尺寸和完成。

——草绘的创建思路【3】

（1）草绘图元 ——绘制几何图元（一）【4】

① 为了便于草绘，可以单击图 2-1-7 中"视图控制"工具条中"基准显示过滤器"按钮 ，将"平面显示"按钮关掉。

② 绘制两条中心线。单击"草绘"选项卡中的"中心线"按钮 中心线 ，绘制水平中心线和竖直中心线，如图 2-1-8 所示。

10

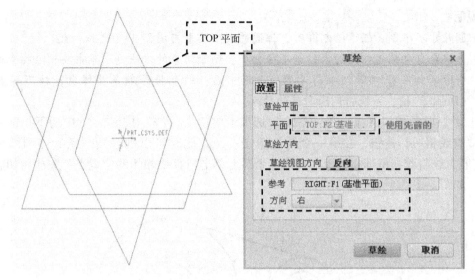

图 2-1-4 "草绘"对话框

图 2-1-5 "视图控制"工具条

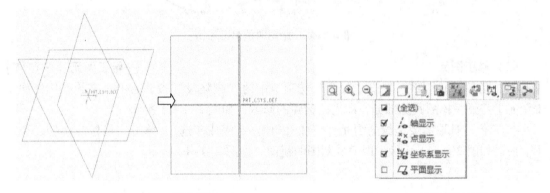

图 2-1-6 草图视图 图 2-1-7 基准显示过滤器

③ 绘制圆。在"草绘"选项卡中单击"圆"按钮 ⊙圆·，以两条中心线交点为圆心，绘制两个圆，运用同样的方法绘制其他两个圆，如图 2-1-9 所示。

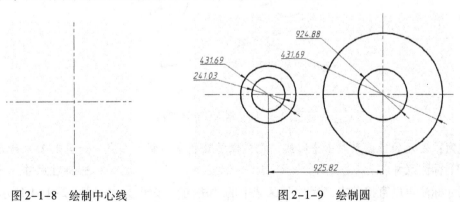

图 2-1-8 绘制中心线 图 2-1-9 绘制圆

说明：

◇ 圆尺寸不限制，任意绘制即可，但圆的大小尽量与图2-1-1图纸一致。

◇ 系统会自动捕捉相关约束，如半径相等。删除约束的方法是：单击要删除约束的显示符号（如半径相等约束符号 R_1），选中后，约束符号颜色为绿色；按下键盘上的〈Delete〉键，系统将删除所选的约束。

④ 绘制两条相切直线。在"草绘"选项卡中单击"线"按钮 ∿线▾ 中的下拉箭头，再单击"直线相切"按钮，在第一个圆上单击一点，此时可以观察到一条始终和圆相切的"橡皮筋"线附着在鼠标指针上；在第二个圆上单击与直线相切的位置点，完成相切直线的绘制，如图2-1-10所示。

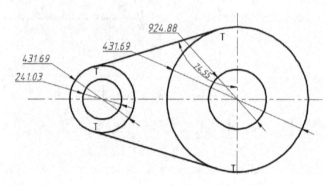

图2-1-10　绘制两条相切直线

（2）修正图元　　　　　　　　　　　　　　　　　　　　　　——修正图元（一）【5】

① 删除多余的弧线。单击"编辑"选项卡中的"删除段"按钮 ⿴删除段；在绘图区依次单击图元上需要去掉的圆弧部分，即完成圆弧的修剪，如图2-1-11所示。

② 镜像。选取需要镜像的图元（按住〈Ctrl〉键完成多选），单击"镜像"按钮，单击中心线，如图2-1-11所示，即完成草图的镜像，如图2-1-12所示。

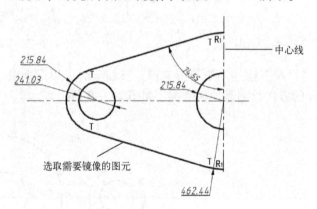

图2-1-11　删除多余的弧线

注意： 图元的镜像参照是中心线，在镜像前必须先绘制中心线，如图2-1-8所示。

（3）标注尺寸　　　　　　　　　　　　　　　　　　　　　　——标注尺寸（一）【6】

尺寸标注可以直接单击"尺寸"区域中的"法向"按钮⿴，根据图2-1-1所示，单击

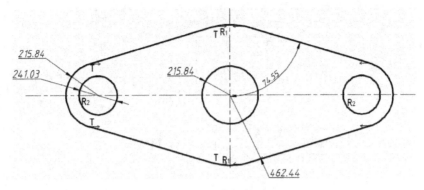

图 2-1-12　镜像图元

需要标注的图形或者距离，单击鼠标中键（一般指鼠标滚轮）进行标注。特别注意，只标注，无需修改尺寸，后续会统一完成尺寸的修改，如图 2-1-13 所示。

（4）修改尺寸　　　　　　　　　　　　　　　　　　　　　　　　——修改尺寸【7】

①单击鼠标框选全部尺寸（或者按住〈Ctrl〉键选取全部尺寸），此时所有尺寸颜色变绿。

②单击"编辑"选项卡中的"修改"按钮 ，系统弹出"修改尺寸"对话框，如图 2-1-14 所示，所选取的每一个目标尺寸值和尺寸参数均出现在"尺寸"列表中。

③取消勾选"重新生成"复选框，在尺寸列表中输入新的尺寸值。

④修改完毕后，单击"确定"按钮，系统重新生成二维草图并关闭对话框，完成垫片的绘制，如图 2-1-15 所示。

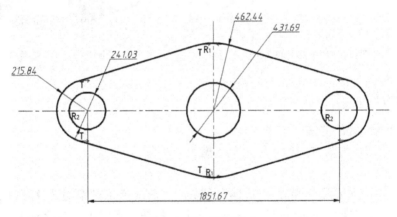

图 2-1-13　标注尺寸

（5）完成

单击"确定"按钮 ，保存截面并退出。

3. 垫片的 3D 效果预览

单击"模型"选项卡"形状"区域的"拉伸"按钮 ，选取图 2-1-15 所示截面草图，定义拉伸属性，输入深度值 2，单击"完成"按钮 ，完成垫片的 3D 效果，如图 2-1-16 所示。效果预览涉及的三维建模命令，本书会在后续项目 3 中深入展开与讲解。

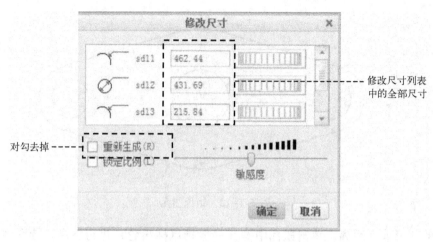

图 2-1-14 "修改尺寸"对话框

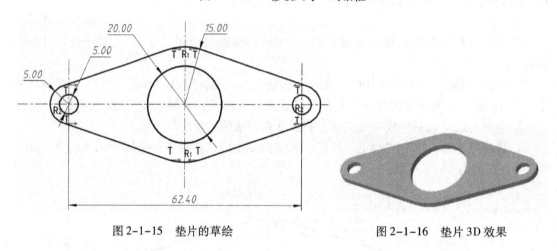

图 2-1-15 垫片的草绘

图 2-1-16 垫片 3D 效果

2.1.2 任务注释

1. 进入草绘模式的方法

进入草绘模式的方法有两种,一是单一模式,二是 3D 模式。

(1)单一模式

单一模式的操作步骤:单击"新建"按钮,系统弹出"新建"对话框,选择类型"草绘",输入文件名称"practice1",单击"确定"按钮,系统进入草绘模式,如图 2-1-17 所示。

进入草绘环境后,屏幕中的"草绘"选项卡会出现草绘时需要的各种工具按钮,如图 2-1-18 所示。

①"设置"区域:设置草绘栅格的属性,图元线条样式等。

②"获取数据"区域:导入外部草绘数据。

③"操作"区域:对草绘进行复制、粘贴、剪切、删除等操作。

④"基准"区域:绘制基准中心线、基准点和基准坐标系。

⑤"草绘"区域:绘制直线、矩形、圆和样条曲线等实体图元和构造图元。

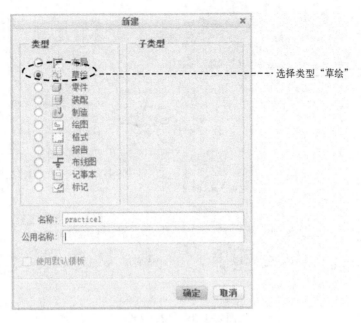

图 2-1-17　新建草绘文件

图 2-1-18　"草绘"选项卡

⑥ "编辑"区域：修改、镜像、删除段、分割和旋转调整大小等编辑工具。

⑦ "约束"区域：添加几何约束。

⑧ "尺寸"区域：添加尺寸约束。

⑨ "检查"区域：检查开放端点、重复图元和封闭环等。

（2）3D 模式

① 单击"新建"按钮，系统弹出"新建"对话框，选择类型"零件"，输入名称"practice2"，将复选框"使用默认模板"的对勾去掉，单击"确定"按钮，系统进入"新文件选项"对话框，选择"mmns_part_solid"选项，以公制毫米为单位建模，如图 2-1-19 所示，单击"确定"按钮，进入 Creo 3.0 实体建模用户界面。

② 单击"模型"选项卡"基准"区域中"草绘"按钮，系统弹出"草绘"对话框，选择草绘平面，系统自动选择参考平面（如选择 TOP 平面作为草绘平面，如图 2-1-20 所示），单击"草绘"按钮，系统进入草绘模式。

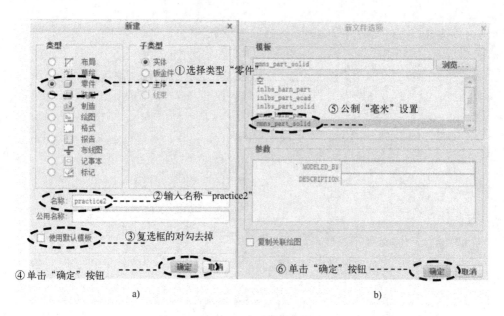

图 2-1-19 新建文件

a) "新建" 对话框 b) "新文件选项" 对话框

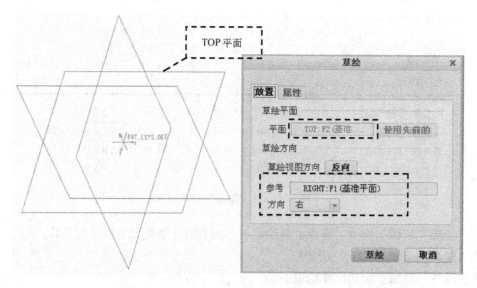

图 2-1-20 "草绘" 对话框

2. 视图控制工具条

草绘环境下，"视图控制"工具条将"视图"选项卡中部分常用命令按钮集成到一个工具条中，以便随时调用，如图 2-1-21 所示。其按钮说明如下。

◇ "重新调整" 按钮 ：调整缩放等级以全屏显示对象。

◇ "放大" 按钮 ：放大目标几何，以查看更多的几何细节。

◇ "缩小" 按钮 ：缩小目标几何，以获得更广阔的几何上下文透视图。

◇ "重画" 按钮 ：重绘当前视图。

◇ "显示样式" 按钮 ：分为"带反射着色""带边着色""着色""消隐""隐藏线"

"线框" 6 种显示样式。

◇ "已保存方向" 按钮：用户可选择视图的方向。

◇ "视图管理器" 按钮：可创建、定义简化表示以及创建截面等。

◇ "基准显示过滤器" 按钮：可以控制是否显示基准轴、基准点、坐标系和基准面。

◇ "草绘视图" 按钮：定向草绘平面使其与屏幕平行。

◇ "草绘器显示过滤器" 按钮：可以控制是否显示尺寸、约束、栅格和顶点。

◇ "注释显示" 按钮：打开或关闭 3D 注释及注释元素。

◇ "旋转中心" 按钮：显示并使用默认的旋转中心，或隐藏旋转中心使用指针位置作为旋转中心。

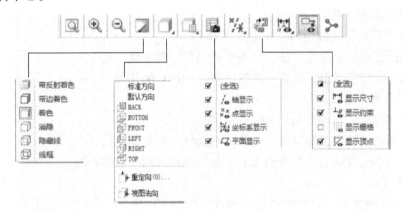

图 2-1-21 "视图控制"工具条

3. 草绘的创建思路

草绘是创建特征的基础。草绘的创建思路通常分为：草绘图元、修正图元、添加约束、标注尺寸、修改尺寸和完成 6 个步骤。

Creo 3.0 软件草绘中有如下常用术语。

（1）图元

图元指二维草图中的任意几何元素，如直线、圆、样条曲线、圆弧、椭圆、点和坐标系等。

（2）约束

约束用于定义图元间的位置关系。约束定义后，其约束符号会出现在被约束的图元旁边。例如：约束两条直线平行后，平行的直线旁边将分别显示一个平行约束符号。

（3）参考图元

参考图元指绘制和标注二维草图时所参考的图元。

（4）"弱"尺寸

"弱"尺寸是由系统自动建立的尺寸。当用户增加需要的尺寸时，系统可以在没有用户确认的情况下自动删除多余的"弱"尺寸。

（5）"强"尺寸

"强"尺寸是指由用户创建的尺寸，对于这种尺寸，系统不能自动地将其删除。如果几个"强"尺寸发生冲突，系统会要求删除其中一个。

（6）冲突

冲突是指两个或多个"强"尺寸或约束可能会产生矛盾或多余条件。出现这种情况，必须删除一个不需要的尺寸或约束。

4. 绘制几何图元（一）

（1）绘制中心线

Creo 3.0软件提供了两种中心线的创建方法，分别为"基准"区域中的"中心线"，以及"草绘"区域中的"中心线"。"基准"区域中的"中心线"为几何中心线，用作一个旋转特征的旋转轴线；"草绘"区域中的"中心线"为一般中心线，用作绘图辅助中心线使用，或作为截面内的对称中心线来使用。操作方法如下：

1）创建几何中心线。

① 单击"基准"区域中的"中心线"按钮。

② 在绘图区的某个位置单击，一条中心线将附着在鼠标指针上。

③ 在另一个位置单击，系统即绘制一条通过两点的几何中心线。

2）创建一般中心线。

① 单击"草绘"区域中的"中心线"按钮。

② 在绘图区的某个位置单击，一条中心线将附着在鼠标指针上。

③ 在另一个位置单击，系统即绘制一条通过两点的一般中心线。

（2）绘制圆

绘制圆有4种方式，分别为"圆心和点""同心""3点"和"3相切"。

1）圆心和点。通过圆心和圆上一点确定圆。操作方法如下：

① 在"草绘"选项卡中单击"圆"按钮 ⊙圆▾ 中的下拉箭头，单击"圆心和点"按钮。

② 在某一位置单击，作为圆心放置点，然后拖动鼠标至所需大小后单击，完成圆的创建。

2）同心。创建同心圆，操作方法如下：

① 在"草绘"选项卡中单击"圆"按钮 ⊙圆▾ 中的下拉箭头，单击"同心"按钮。

② 选取一个参考圆或圆弧来定义圆心。

③ 移动鼠标指针，将圆拖至所需大小并单击，完成圆的创建，如图2-1-22所示。

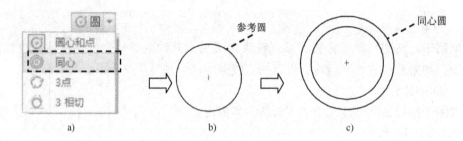

图2-1-22　同心圆的创建

a）单击"同心"按钮　b）选取参考圆　c）移动指针，创建同心圆

3）3点。通过选取圆上的3个点来创建圆，操作方法如下：

① 在"草绘"选项卡中单击"圆"按钮 ⊙圆▾ 中的下拉箭头，单击"3点"按钮。

② 在绘图区任意位置单击 3 个点，然后单击鼠标中键，完成该圆的创建，如图 2-1-23 所示。

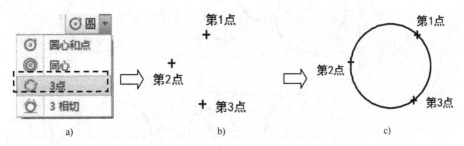

图 2-1-23　通过 3 个点创建圆
a）单击"3 点"按钮　b）单击 3 个点　c）通过 3 点创建圆

4）3 相切。创建一个与 3 个图元相切的圆，操作方法如下：

① 在"草绘"选项卡中单击"圆"按钮 中的下拉箭头，单击"3 相切"按钮。

② 在绘图区依次选取先前所作的 3 条边线，然后单击鼠标中键，完成该圆的创建，如图 2-1-24 所示。

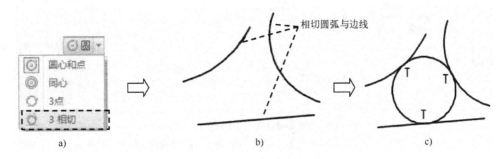

图 2-1-24　通过与 3 个图元相切创建圆
a）单击"3 相切"按钮　b）选取相切边线与圆弧　c）通过与 3 个图元相切创建圆

（3）绘制相切直线

绘制相切直线，操作方法如下：

① 在"草绘"选项卡中单击"线"按钮 中的下拉箭头，再单击"直线相切"按钮。

② 在第一个圆弧或圆上单击一点，此时可以观察到一条始终和圆或圆弧相切的"橡皮筋"线附着在鼠标指针上。

③ 在第二个圆弧或圆上单击与直线相切的位置点，完成一条与两个圆（弧）相切的直线段，如图 2-1-25 所示。

注意：单击圆弧上任一点的位置不同，绘制出的相切直线位置也不同。

（4）绘制直线

1）创建直线命令的方法。

方法 1：在"草绘"选项卡中单击"线"按钮 中的下拉箭头，再单击"线链"按钮。

方法 2：在绘图区右击停顿后，从系统弹出的快捷菜单中选择"线链"命令。

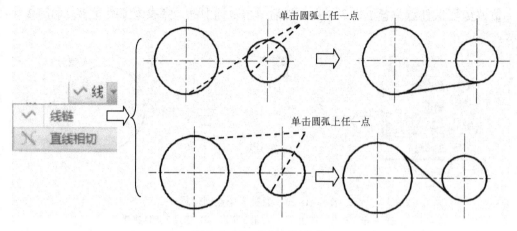

图2-1-25 绘制相切直线

2）绘制直线操作方法（图2-1-26）。

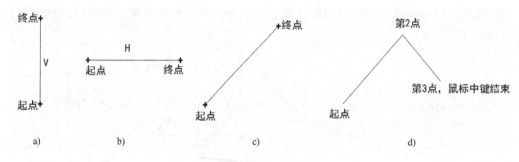

图2-1-26 绘制直线
a）竖直线 b）水平线 c）斜线 d）多段线

① 在"草绘"选项卡中单击"线"按钮 中的下拉箭头，再单击"线链"按钮。

② 在绘图区任意位置单击，作为直线的起始位置点，这时可看到一条"橡皮筋"线附着在鼠标指针上。

③ 单击直线终点位置，系统在两点间创建一条直线，并且在直线的终点处出现另一条"橡皮筋"线。

④ 重复步骤③，可以创建一条连续的多线段。

⑤ 单击鼠标中键，结束直线的创建。

说明：在草绘环境中，单击"撤销"按钮 可撤销上一个操作，单击"重做"按钮 可以重新执行被撤销的操作，两个按钮在草绘环境中使用较广泛。

5. 修正图元（一）

（1）删除段

"删除段"命令指动态修剪图形，以图2-1-27为例说明操作方法。图2-1-27a为修剪前，图2-1-27b为修剪后。

① 单击"编辑"选项卡中的"删除段"按钮 。

② 在绘图区依次单击图元上需要去掉的部分，即完成圆弧的修剪，如图2-1-27b所示。

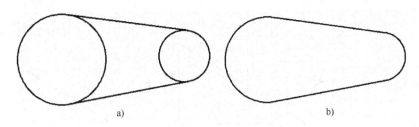

图 2-1-27 "删除段"命令示例

a）修剪前　b）修剪后

（2）镜像

对于一些具有对称特性的图元，一般绘制部分图元，然后采用镜像功能进行镜像。图元的镜像参照是中心线，在镜像前必须先绘制中心线，具体操作方法如图 2-1-28 所示。

图 2-1-28　镜像图元

6. 标注尺寸（一）

在绘制二维草图的几何图元时，系统会及时自动地产生尺寸，这些尺寸被称为"弱"尺寸，系统在创建和删除它们时并不给予警告，但用户不能手动删除，"弱"尺寸显示为青色。用户可以根据设计意图或图纸要求创建所需要的尺寸，这些尺寸称为"强"尺寸，"强"尺寸显示为蓝色。增加"强"尺寸时，系统会自动删除多余的"弱"尺寸和约束，以保证二维草图的完全约束。在绘制二维草图时，把二维草图的"弱"尺寸变成"强"尺寸有助于后续工程图中尺寸的自动生成，同时确保系统在没有得到用户的确认前不会删除这些尺寸。

尺寸标注主要分为距离标注、圆和圆弧的标注、旋转截面的标注，角度标注以及椭圆标注。尺寸标注可以直接单击"尺寸"区域中的"法向"按钮 。

（1）距离标注

1）线段长度标注。

标注线段长度的方法，以标注直角三角形斜边为例，如图 2-1-29 所示。

2）点到线的距离标注。

点到线的距离标注方法，以标注圆心到直线的距离为例，如图 2-1-30 所示。

3）点到点的距离标注。

点到点的距离标注需特别注意，标注的尺寸与尺寸放置的位置有关，如图 2-1-31 所示，若标注 E 点和 F 点距离，有如下情况：

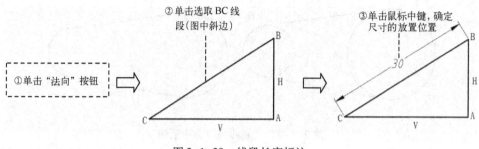

图 2-1-29　线段长度标注

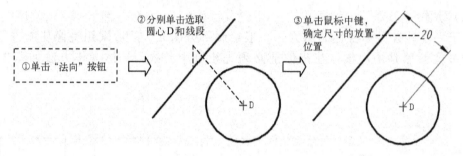

图 2-1-30　点到线的距离标注

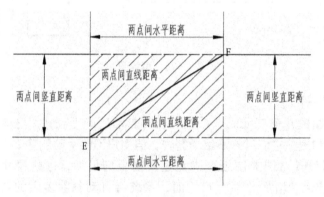

图 2-1-31　尺寸的放置位置与尺寸显示的关系

① 若尺寸的放置位置位于阴影区域内，标注尺寸为两点间的直线距离；

② 若尺寸的放置位置位于阴影区域外，且放置位置位于两点间的水平方向，标注尺寸为两点间的水平距离；

③ 若尺寸的放置位置位于阴影区域外，且放置位置位于两点间的竖直方向，标注尺寸为两点间的竖直距离。

以标注 G 点到 I 点距离为例，说明点到点的标注方法，如图 2-1-32 所示。

4）平行线间距离的标注。

平行线间距离的标注方法，以两条平行线为例，如图 2-1-33 所示。

5）圆弧到圆弧距离的标注。

圆弧到圆弧距离的标注方法，以两个圆弧为例，如图 2-1-34 所示。

说明：圆弧到圆弧距离标注的尺寸与尺寸放置的位置和选取圆弧的位置均有关，读者可自行尝试，如图 2-1-35 所示。

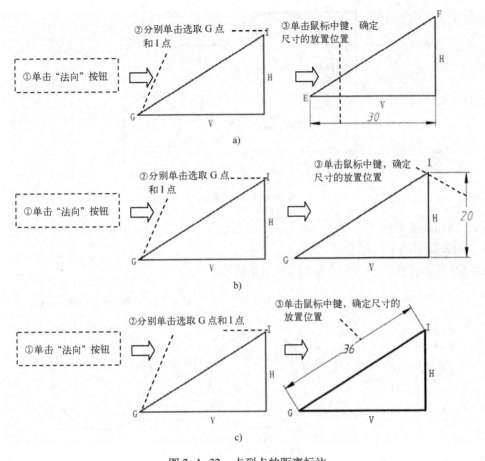

图 2-1-32 点到点的距离标注

a) 两点间的水平距离 b) 两点间的竖直距离 c) 两点间的直线距离

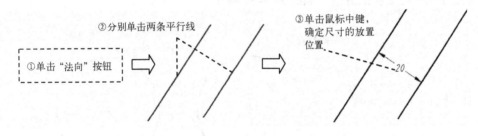

图 2-1-33 平行线间的距离标注

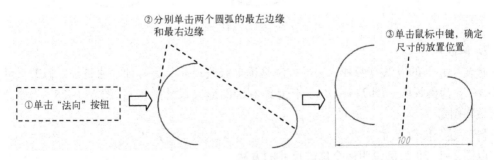

图 2-1-34 圆弧到圆弧的距离标注

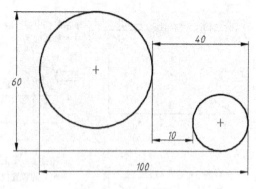

图 2-1-35　思考练习

（2）圆和圆弧的标注

1）圆和圆弧的半径标注。

标注圆和圆弧半径的方法，如图 2-1-36 所示。

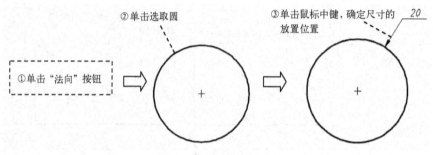

图 2-1-36　半径标注

2）圆和圆弧的直径标注。

标注圆和圆弧直径的方法，如图 2-1-37 所示。

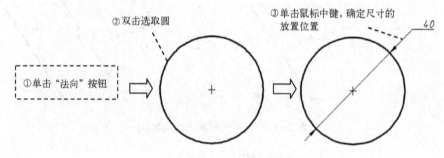

图 2-1-37　直径标注

7. 修改尺寸

修改尺寸值的方法有两种，一种方法是逐个修改尺寸，另一种方法是统一修改尺寸。以图 2-1-38 为例说明。图 2-1-38a 为任意绘制的图形（尺寸随意）；图 2-1-38b 为修改尺寸后的最终图形。

（1）逐个修改尺寸

以图 2-1-38 为例说明逐个修改尺寸的方法。

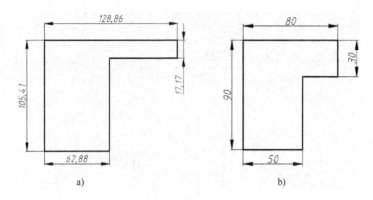

图 2-1-38　修改尺寸

a）修改尺寸前　b）修改尺寸后

① 在要修改的尺寸文本上双击，如 105.41，此时出现尺寸修正框 105.41 。

② 在尺寸修正框 105.41 中输入 新的尺寸值"90"后，按〈Enter〉键完成尺寸修改。

③ 重复步骤①和②，修改其他尺寸值。

（2）统一修改尺寸

① 单击鼠标框选全部尺寸（或者按住〈Ctrl〉键选取全部尺寸），此时所有尺寸颜色变绿。

② 单击"编辑"选项卡中的"修改"按钮 修改，系统弹出"修改尺寸"对话框，如图 2-1-39 所示，所选取的每一个目标尺寸值和尺寸参数均出现在"尺寸"列表中。

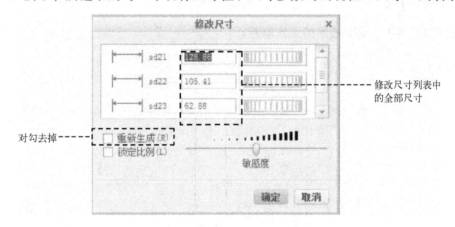

图 2-1-39　"修改尺寸"对话框

③ 去掉"重新生成"复选框的对勾，在尺寸列表中输入新的尺寸值。

④ 修改完毕后，单击"确定"按钮，系统重新生成二维草图并关闭对话框，完成图 2-1-38b 的绘制。

"修改尺寸"对话框如图 2-1-40 所示，说明如下。

① "重新生成"复选框：根据修改后的尺寸值重新计算草绘几何图元形状，在选中的状态下，修改尺寸后，即再生草绘图元。如不选中，则在所有尺寸修改完单击"确定"按钮后，系统统一再生草绘图元形状，推荐在不选中状态下修改尺寸。

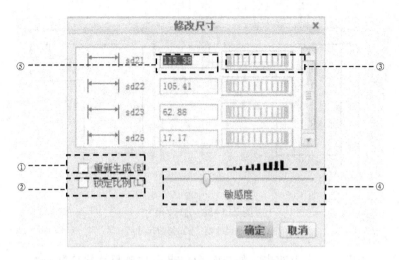

图 2-1-40 "修改尺寸"对话框说明

② "锁定比例"复选框：使所有修改尺寸保持固定比例，推荐不选中该复选框。

③ 滚轮：拖动滚轮可以动态修改尺寸数值。

④ 敏感度：控制滚轮的灵敏度。

⑤ "尺寸修改"文本框：在输入新的尺寸值后，按〈Enter〉键，确定输入数值，然后再修改下一个尺寸。在修改线性尺寸时，可以输入一个负尺寸值，使几何改变方向。

2.1.3 知识拓展

完成图 2-1-41 T 形梁截面的二维草绘。

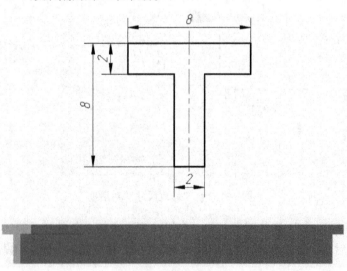

图 2-1-41 T 形梁截面

（1）新建文件

1）设置工作目录。

① 启动 Creo 3.0 软件，单击"选择工作目录"按钮 ，或者选择【文件】下拉菜单→

26

【管理会话】→【选择工作目录】命令。

　　② 系统弹出"选择工作目录"对话框,如图 2-1-42 所示,选择 D 盘,在 D 盘中选取目录"creo_practice",单击对话框中"确定"按钮。

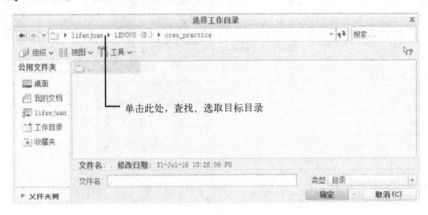

图 2-1-42　"选择工作目录"对话框

　　2)新建文件。

　　① 单击"新建"按钮 ,系统弹出"新建"对话框,选择类型"零件",输入名称"2 - 1 - 1practice",将复选框"使用默认模板"的对勾去掉,单击"确定"按钮,系统进入"新文件选项"对话框,选择"mmns_part_solid"选项,以公制毫米为单位建模,如图 2-1-43 所示,单击"确定"按钮,进入 Creo 3.0 实体建模用户界面。

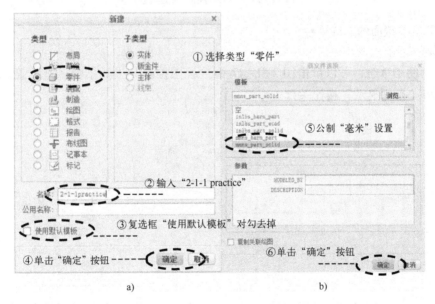

图 2-1-43　新建文件

a)"新建"对话框　b)"新文件选项"对话框

　　② 单击"模型"选项卡"基准"区域中"草绘"按钮 ,系统弹出"草绘"对话框,选择 TOP 基准平面作为草绘平面,系统自动选择 RIGHT 基准平面为参考平面,方向为右,如图 2-1-44 所示,单击"草绘"按钮,系统进入草绘模式。

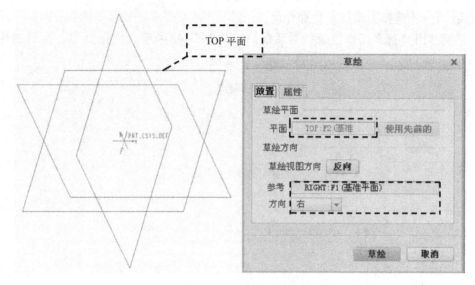

图 2-1-44 "草绘"对话框

③ 单击"视图控制"工具条中的"草绘视图"按钮 ▣，让草绘平面与视图平行，如图 2-1-45 和图 2-1-46 所示。

图 2-1-45 "视图控制"工具条

（2）T 型梁截面的二维草绘

1）草绘图元。

① 为了便于草绘，可以单击图 2-1-47 中"视图控制"工具条中"基准显示过滤器"按钮 ▨，将"平面显示"按钮关掉。

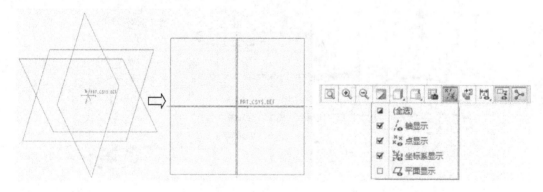

图 2-1-46 草图视图   图 2-1-47 基准显示过滤器

② 绘制一条中心线。单击"草绘"选项卡中的"中心线"按钮 中心线，绘制竖直中心线，为后续镜像工作做准备。

说明：

◇ 线段尺寸不限制，任意绘制即可。但绘制时，尽量从系统提供的坐标原点出发，便于

28

确定图形在屏幕中的位置。

◇ 系统会自动捕捉相关约束，如长度相等。若已捕捉，删除约束的方法：单击要删除约束的显示符号（如长度相等约束符号 L_1），选中后，约束符号颜色为绿色；按下键盘上的〈Delete〉键，系统将删除所选的约束。

③ 绘制直线。在"草绘"选项卡中单击"线"按钮 ∨ 线 中的下拉箭头，再单击"线链"按钮，绘制如图 2-1-48 所示草图。特别注意，让系统自动捕捉水平线和竖直线，水平线会显示"H"约束符号，竖直线显示"V"约束符号。

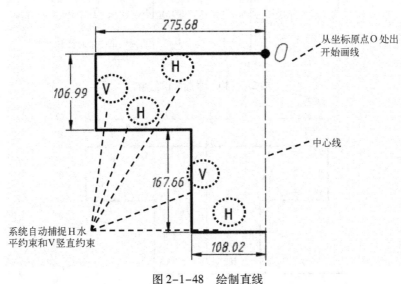

图 2-1-48　绘制直线

2）修正图元 ——镜像直线。

选取需要镜像的全部直线（左键框选或按住〈Ctrl〉键单击所有直线），单击"镜像"按钮，单击中心线，即完成草图的镜像，如图 2-1-49 所示。

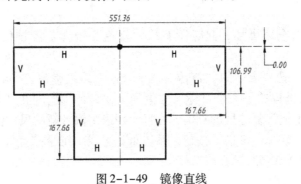

图 2-1-49　镜像直线

注意：图元的镜像参照是中心线，在镜像前必须先绘制中心线。

3）添加约束。

本练习中若出现"0.00"尺寸，如图 2-1-49 所示，若想删除该尺寸，需添加重合约束，如图 2-1-50 所示。后续项目将对添加约束展开说明。

4）标注尺寸。

尺寸标注可以直接单击"尺寸"区域中的"法向"按钮 ，根据图 2-1-41 所示尺寸进行标注。特别注意，只标注，无需修改尺寸，后续会统一完成尺寸的修改，如图2-1-51所示。

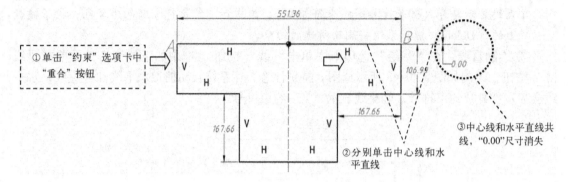

图 2-1-50 添加几何约束

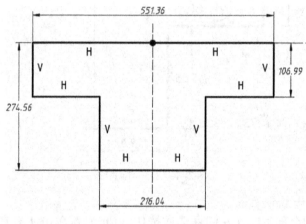

图 2-1-51 标注尺寸

5）修改尺寸。

① 单击鼠标框选全部尺寸，此时所有尺寸颜色变绿（或者按住〈Ctrl〉键选取全部尺寸）。

② 单击"编辑"选项卡中的"修改"按钮，系统弹出"修改尺寸"对话框，如图2-1-52所示，所选取的每一个目标尺寸值和尺寸参数均出现在"尺寸"列表中。

③ 去掉"重新生成"复选框的对勾，在尺寸列表中输入新的尺寸值。

④ 修改完毕后，单击"确定"按钮，系统重新生成二维草图并关闭对话框，完成T型槽截面的绘制，如图2-1-53所示。

6）完成。

单击"确定"按钮，保存截面并退出。

（3）垫片的3D效果预览

单击"模型"选项卡"形状"区域的"拉伸"按钮，选取图2-1-53所示截面草图，定义拉伸属性，输入深度值100，单击"完成"按钮，完成的3D效果，如图2-1-54所示。效果预览涉及的三维建模命令，本书会在后续项目3中深入展开与讲解。

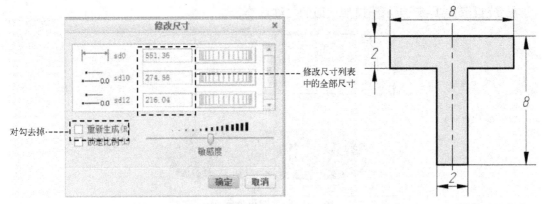

图 2-1-52　"修改尺寸"对话框　　　　　图 2-1-53　T 型槽截面的草绘

图 2-1-54　T 型梁 3D 效果

2.1.4　课后练习

1. 完成图 2-1-55 所示 C 型轮廓截面

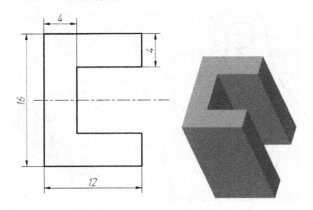

图 2-1-55　C 型轮廓截面

2. 完成图 2-1-56 所示工字形梁的二维草绘。

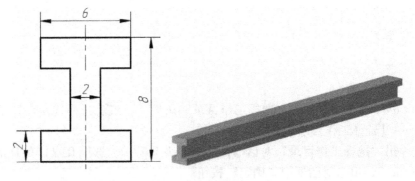

图 2-1-56　工字形梁截面

3. 完成图 2-1-57 所示跑道型截面的二维草绘。

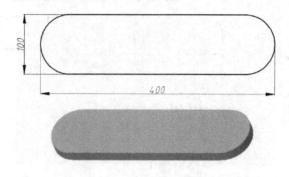

图 2-1-57 跑道型截面

任务 2.2 吊钩的二维草绘——学习复杂图形绘制、标注与约束（一）

本任务将以图 2-2-1 所示吊钩的二维草绘，说明 Creo 3.0 软件中复杂图形的绘制、标注与几何约束的添加。

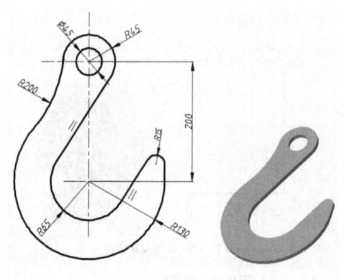

图 2-2-1 吊钩

2.2.1 任务学习

1. 新建文件

（1）设置工作目录

① 启动 Creo 3.0 软件，单击"选择工作目录"按钮，或者选择【文件】下拉菜单→【管理会话】→【选择工作目录】命令。

② 系统弹出"选择工作目录"对话框，如图 2-2-2 所示，选择 D 盘，在 D 盘中选取目录"creo_practice"，单击对话框中"确定"按钮。

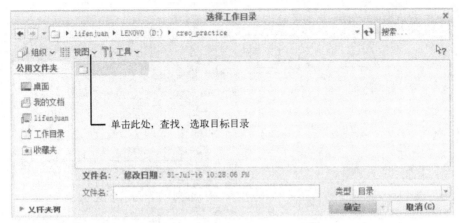

图 2-2-2 "选择工作目录"对话框

（2）新建文件

① 单击"新建"按钮 ，系统弹出"新建"对话框，选择类型"零件"，输入名称"2 -2practice"，将复选框"使用默认模板"的对勾去掉，单击"确定"按钮，系统进入"新文件选项"对话框，选择"mmns_part_solid"选项，以公制毫米为单位建模，如图 2-2-3 所示，单击"确定"按钮，进入 Creo 3.0 实体建模用户界面。

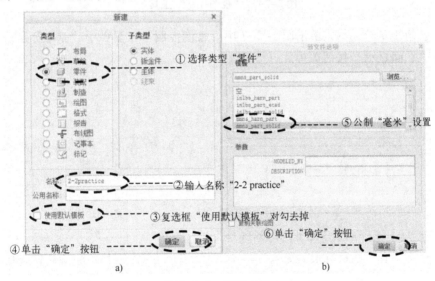

图 2-2-3 新建文件

a）"新建"对话框 b）"新文件选项"对话框

② 单击"模型"选项卡"基准"区域中"草绘"按钮 ，系统弹出"草绘"对话框，选择 TOP 基准平面作为草绘平面，系统自动选择 RIGHT 基准平面为参考平面，方向为右，如图 2-2-4 所示，单击"草绘"按钮，系统进入草绘模式。

③ 单击"视图控制"工具条中的"草绘视图"按钮 ，让草绘平面与视图平行，如图 2-2-5 和图 2-2-6 所示。

2. 吊钩的二维草绘

（1）草绘图元　　　　　　　　　　　　　　　　　——绘制几何图元（二）【1】

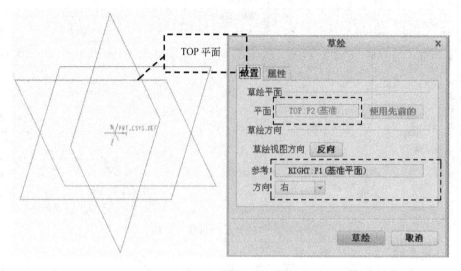

图 2-2-4 "草绘"对话框

图 2-2-5 "视图控制"工具条

① 为了便于草绘，可以单击图 2-2-7 中"视图控制"工具条中"基准显示过滤器"按钮 ，将"平面显示"按钮关掉。

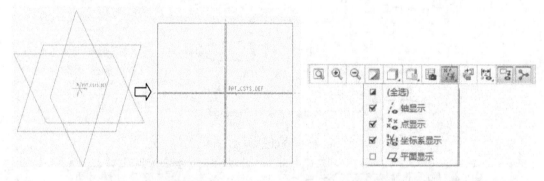

图 2-2-6 草图视图   图 2-2-7 基准显示过滤器

② 绘制三条中心线。单击"草绘"选项卡中的"中心线"按钮 中心线 ，绘制两条水平中心线和一条竖直中心线，如图 2-2-8 所示。

③ 绘制圆。在"草绘"选项卡中单击"圆"按钮 ⊙圆▾ ，以两条中心线交点为圆心，绘制两个圆，运用同样的方法绘制其他两个圆，如图 2-2-9 所示。

说明：

◇ 圆尺寸不限制，任意绘制即可，但圆的大小关系尽量与图 2-2-1 图纸近似。

◇ 系统会自动捕捉相关约束，如半径相等。删除约束的方法：单击要删除约束的显示符号（如半径相等约束符号 R_1），选中后，约束符号颜色为绿色；按下键盘上的〈Delete〉键，系统将删除所选的约束。

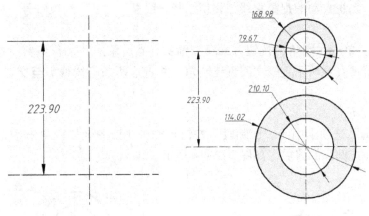

图 2-2-8　绘制中心线　　　　　图 2-2-9　绘制圆

④ 绘制圆弧 R200。单击"圆角"按钮 ，下拉箭头，然后单击"圆形修剪"按钮，分别选取两个圆，系统便在这两个圆之间创建圆角，并将这两个圆修剪至交点，如图 2-2-10 所示。

⑤ 绘制相切直线。在"草绘"选项卡中单击"线"按钮 ，中的下拉箭头，再单击"直线相切"按钮，在第一个圆上单击一点，此时可以观察到一条始终和圆相切的"橡皮筋"线附着在鼠标指针上；在第二个圆上单击与直线相切的位置点，完成相切直线的绘制，如图 2-2-11 所示。

⑥ 绘制直线。在"草绘"选项卡中单击"线"按钮 ，中的下拉箭头，再单击"线链"按钮，绘制竖直线，然后继续直线命令，让系统自动捕捉直线与圆相切，如图 2-2-12 所示。

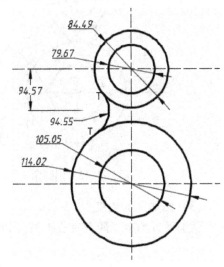

图 2-2-10　绘制圆弧

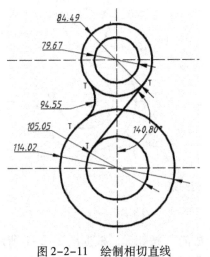

图 2-2-11　绘制相切直线

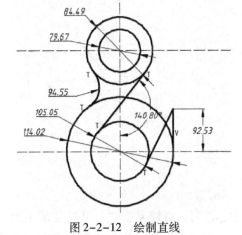

图 2-2-12　绘制直线

特别注意：系统自动捕捉竖直线与相切，竖直线显示"V"约束符号，相切显示"T约束符号。

⑦ 倒圆角。单击"圆角"按钮 ⬛圆角 ⬛ 下拉箭头，然后单击"圆形修剪"按钮，分别选取两条直线，系统便在这两条直线之间创建圆角，并将这两条直线修剪至交点，如图 2-2-13 所示。

（2）修正图元

单击"编辑"选项卡中的"删除段"按钮 ⬛ 删除段；在绘图区依次单击图元上需要去掉的圆弧部分，即完成圆弧的修剪，如图 2-2-14 所示。

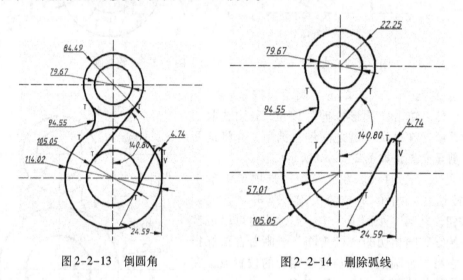

图 2-2-13　倒圆角　　　　　　图 2-2-14　删除弧线

（3）添加几何约束　　　　　　　　　　　　　　——添加几何约束【2】

添加平行约束，两条直线平行，如图 2-2-15 所示。

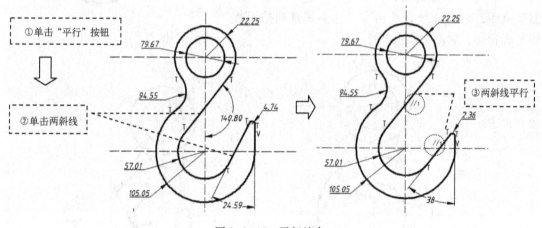

图 2-2-15　平行约束

（4）标注尺寸

尺寸标注可以直接单击"尺寸"区域中的"法向"按钮 ⬛，根据图 2-2-1 所示尺寸进行标注。特别注意，只标注，无需修改尺寸，后续会统一完成尺寸的修改，如图 2-2-16

所示。

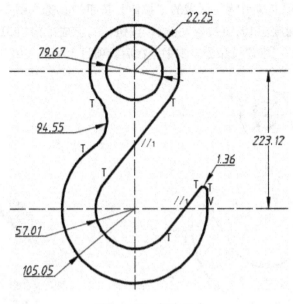

图 2-2-16　标注尺寸

（5）修改尺寸

① 单击鼠标框选全部尺寸（或者按住〈Ctrl〉键选取全部尺寸），此时所有尺寸颜色变绿。

② 单击"编辑"选项卡中的"修改"按钮，系统弹出"修改尺寸"对话框，如图 2-2-17 所示，所选取的每一个目标尺寸值和尺寸参数均出现在"尺寸"列表中。

③ 去掉"重新生成"复选框的对勾，在尺寸列表中输入新的尺寸值。

④ 修改完毕后，单击"确定"按钮，系统重新生成二维草图并关闭对话框，完成吊钩的绘制，如图 2-2-18 所示。

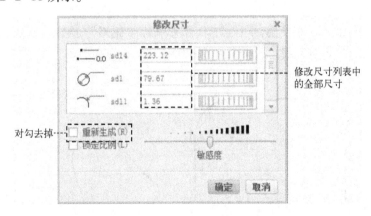

图 2-2-17　"修改尺寸"对话框

（6）完成

单击"确定"按钮，保存截面并退出。

3. 吊钩的3D效果预览

单击"模型"选项卡"形状"区域的"拉伸"按钮 ，选取图2-2-18所示截面草图，定义拉伸属性，输入深度值10，单击"完成"按钮 ✓，完成吊钩的3D效果，如图2-2-19所示。效果预览涉及的三维建模命令，本书会在后续项目3中深入展开与讲解。

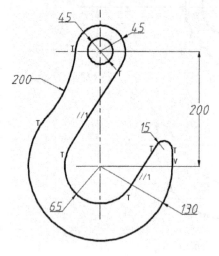

图2-2-18　吊钩的草绘　　　　　　　　图2-2-19　吊钩3D效果

2.2.2　任务注释

1. 绘制几何图元（二）

（1）绘制圆角

圆角的创建方法如下：

① 单击"圆角"按钮 下拉箭头，然后单击"圆形修剪"按钮。

② 分别选取两个图元（边、圆或圆弧），系统便在这两个图元间创建圆角，并将这两个图元修剪至交点。

说明：如果单击"圆角"按钮 下拉箭头中的"圆形"按钮，系统在创建圆角后会以构造线（虚线）显示圆角拐角，如图2-2-20和图2-2-21所示。

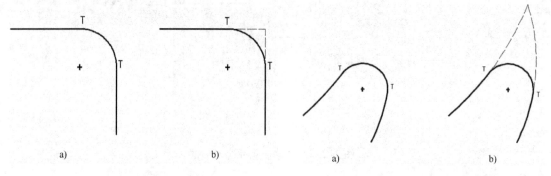

图2-2-20　两直线间绘制圆角　　　　　　　图2-2-21　两圆弧间绘制圆角
a)"圆形修剪"圆角　b)"圆形"圆角　　　　a)"圆形修剪"圆角　b)"圆形"圆角

（2）创建点

点的创建方法如下：

① 在"草绘"选项卡中单击"点"按钮 × 点 。

② 在绘图区的某个位置单击放置该点，完成点的创建。

（3）绘制矩形

绘制矩形有 4 种方式，分别为"拐角矩形""斜矩形""中心矩形"和"平行四边形矩形"。

1）拐角矩形。

① 在"草绘"选项卡中单击"矩形"按钮 □ 矩形 · 中下拉箭头，单击"拐角矩形"按钮。

② 在绘图区任意位置单击，作为矩形的一个顶点。

③ 移动鼠标指针，在绘图区的某位置单击，放置该矩形的另一个顶点，完成矩形的绘制，如图 2-2-22 所示。

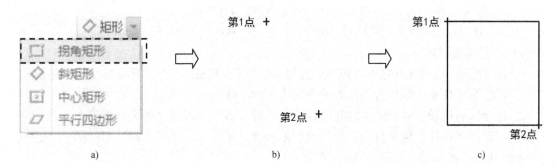

图 2-2-22 "拐角矩形"创建矩形

a）单击"拐角矩形"按钮 b）单击两个点 c）通过两点创建矩形

2）斜矩形。

① 在"草绘"选项卡中单击"矩形"按钮 □ 矩形 · 中下拉箭头，单击"斜矩形"按钮。

② 在绘图区任意位置单击，作为矩形的一个顶点。

③ 移动鼠标指针，在绘图区的某位置单击，放置该矩形的另一个顶点。

④ 移动鼠标指针，将矩形拉至所需形状并单击，完成矩形的创建，如图 2-2-23 所示。

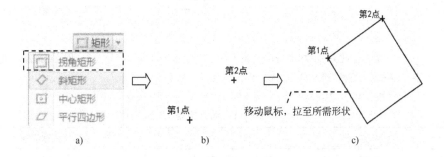

图 2-2-23 "斜矩形"创建矩形

a）单击"斜矩形"按钮 b）单击两个点 c）拉伸至所需形状

3）中心矩形。

① 在"草绘"选项卡中单击"矩形"按钮 □ 矩形 中下拉箭头，单击"中心矩形"按钮。

② 在绘图区任意位置单击，作为矩形的中心点。

③ 移动鼠标指针，在绘图区的某位置单击，放置该矩形的一个顶点，完成矩形的创建，如图 2-2-24 所示。

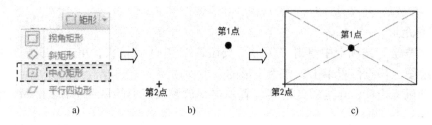

图 2-2-24 "中心矩形"创建矩形

a）单击"中心矩形"按钮 b）单击两个点 c）第 1 点为中心，第 2 点为顶点创建矩形

4）平行四边形矩形。

① 在"草绘"选项卡中单击"矩形"按钮 □ 矩形 下拉箭头，单击"平行四边形"按钮。

② 在绘图区任意位置单击，作为平行四边形的一个顶点。

③ 移动鼠标指针，在绘图区的某位置单击，放置该平行四边形的另一个顶点。

④ 移动鼠标指针，将平行四边形拉至所需形状并单击，放置平行四边形的第三个顶点，完成平行四边形的创建，如图 2-2-25 所示。

2. 添加几何约束

草绘几何时，系统会使用某些假设来帮助定位几何，当光标出现在某些约束公差内时，系统捕捉该约束并在图元旁边显示其图形符号，如图 2-2-26 所示，系统中共 9 种约束方式，各种约束在绘图区显示见表 2-1。

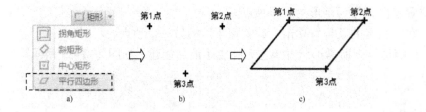

图 2-2-25 绘制平行四边形

a）单击"平行四边形"按钮 b）单击 3 个点

c）以 3 个点为顶点创建平行四边形

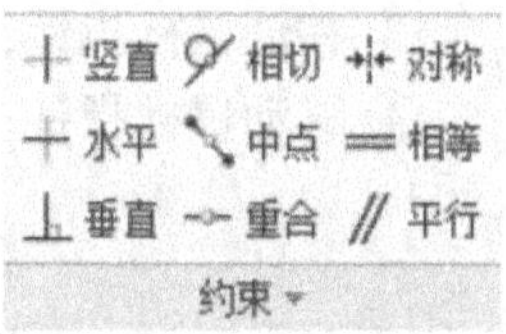

图 2-2-26 几何约束

表 2-1 约束类型

图 标	约束名称	含 义	约束显示符号
┼ 竖直	竖直	使直线或两点竖直	V
┼ 水平	水平	使直线或两点水平	H
⊥ 垂直	垂直	使两个图元垂直	⊥
⁀ 相切	相切	使两图元（圆或圆、直线或圆等）相切	T

（续）

图 标	约束名称	含 义	约束显示符号	
↘中点	中点	把一点放在图元的中间	M	
← 重合	重合	使两点或两线重合，或使一个点落在直线或圆等图元上	共点	○
			共线	═
→ ←	对称	使两点对称于中心线	→ ←	
═ 相等	相等	创建相等长度、相等半径或相等曲率	相等半径	带有一个下标索引的 R（如 R_1 等）
			相等长度	带有一个下标索引的 L（如 L_1 等）
∥ 平行	平行	使两直线平行	∥	

（1）约束的屏幕显示控制

单击"视图控制"工具栏中的"草绘显示过滤器" 按钮，在系统弹出的菜单中选中或取消选中"显示约束"复选框，即可控制约束符号在屏幕上的显示与关闭，如图2-2-27所示。

选中复选框，屏幕中将显示约束符号

图2-2-27 约束的显示控制

（2）各种约束的添加方法

1）竖直约束。

竖直约束可以使直线或两点竖直，如图2-2-28所示。

2）水平约束。

水平约束可以使直线或两点水平，如图2-2-29所示。

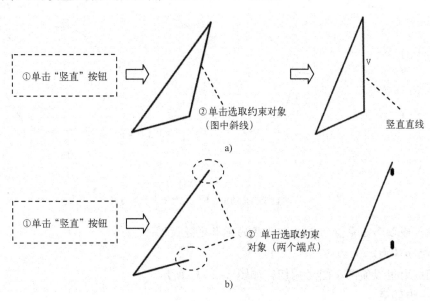

图2-2-28 竖直约束

a）直线竖直约束　b）两点竖直约束

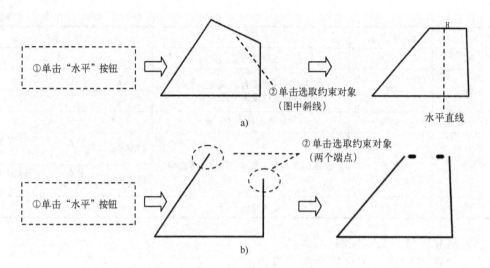

图 2-2-29　水平约束
a）直线水平约束　b）两点水平约束

3）垂直约束。

垂直约束可以使两个图元正交，如图 2-2-30 所示。

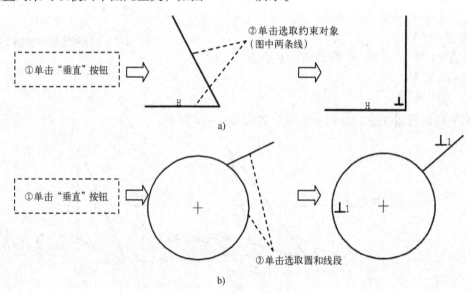

图 2-2-30　垂直约束
a）两直线垂直约束　b）线段和圆垂直约束

注意：线段和圆垂直约束，即线段的延长线通过圆心。

4）相切约束。

相切约束可以使两个图元相切，如图 2-2-31 所示。

5）中点约束。

中点约束可以使图元上的点位于另一个直线图元的中点位置，如图 2-2-32 所示。

6）重合约束。

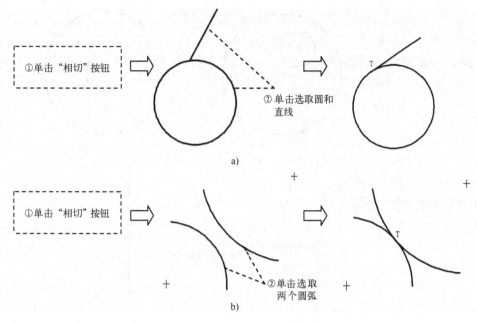

图 2-2-31　相切约束

a）直线和圆相切约束　b）圆弧和圆弧相切约束

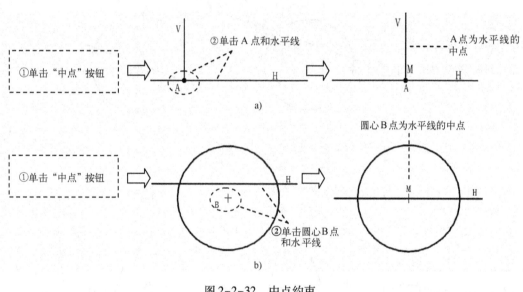

图 2-2-32　中点约束

a）直线与直线　b）直线与圆

　　重合约束可以使两点或两线重合，或使一个点落在直线或圆等图元上，如图 2-2-33 所示。

　　7）对称约束。

　　对称约束可以使两点关于中心线对称，如图 2-2-34 所示。

　　8）相等约束。

　　相等约束可以使线段的长度或圆弧的半径相等，如图 2-2-35 所示。

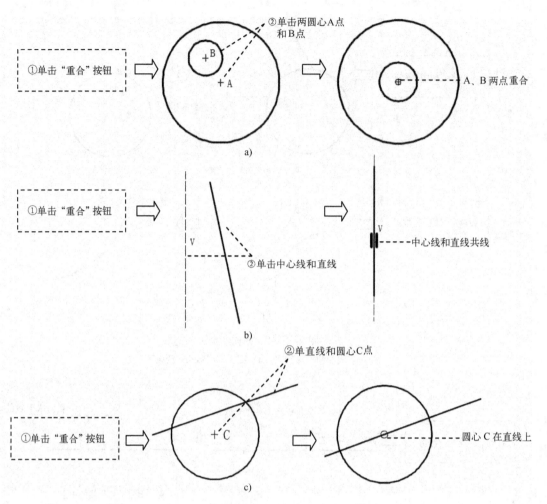

图 2-2-33 重合

a）共点 b）共线 c）点在线上

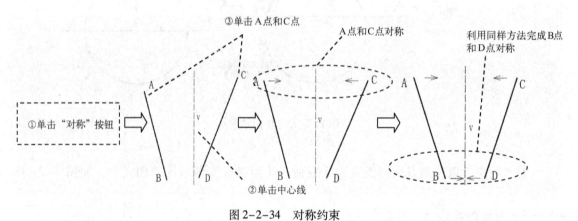

图 2-2-34 对称约束

9）平行约束。

平行约束可以使两条直线平行，如图 2-2-36 所示。

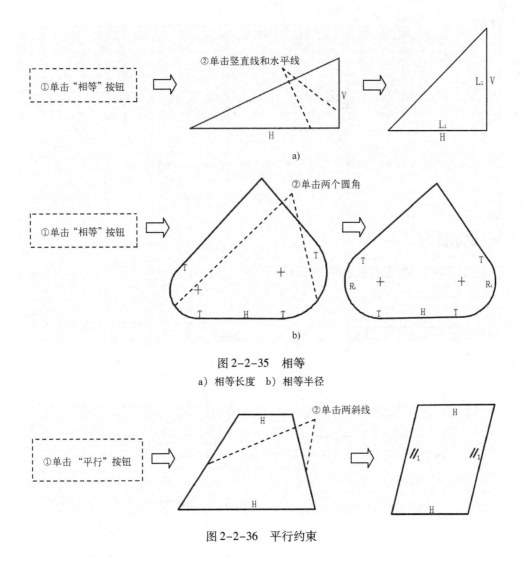

图 2-2-35 相等

a) 相等长度 b) 相等半径

图 2-2-36 平行约束

(3) 删除约束的方法

① 单击要删除约束的显示符号（如平行约束符号∥），选中后，约束符号颜色为绿色。

② 按下键盘上的〈Delete〉键（或者右击，在快捷菜单中选择"删除"命令），系统将删除所选的约束。

注意：删除约束后，系统会自动增加一个约束或尺寸来使二维草图保持全约束状态。

(4) 解决约束冲突的方法

当增加的约束或尺寸与现有约束或尺寸相互冲突或多余时，系统会加亮冲突尺寸或约束，同时系统弹出"解决草绘"对话框，如图 2-2-37 所示，要求用户删除或转换加亮的尺寸或约束之一，其中各选项说明如下。

◇ "撤销"按钮：撤销刚刚导致二维草图的尺寸或约束冲突的操作。

◇ "删除"按钮：从列表框中选择某个多余的尺寸或约束，将其删除。

◇ "尺寸 > 参考"按钮：选取一个多余的尺寸，将其转换成参考尺寸。

◇ "解释"按钮：选择一个约束，获取约束说明。

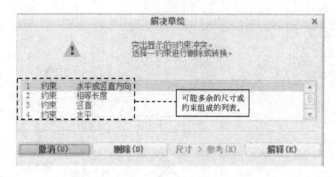

图 2-2-37 "解决草绘"对话框

2.2.3 课后练习

1. 完成图 2-2-38 所示图形的二维草绘。

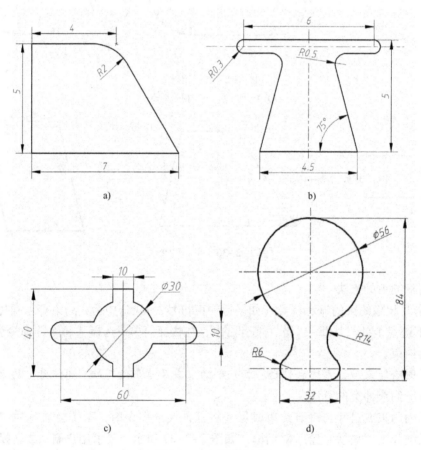

图 2-2-38 草绘练习

提示：图 2-2-38a 需要创建辅助点。

2. 完成图 2-2-39 所示图形的二维草绘。

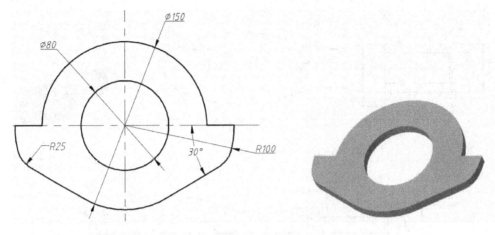

图 2-2-39 草绘图形

3. 完成图 2-2-40 所示卡盘的二维草绘。

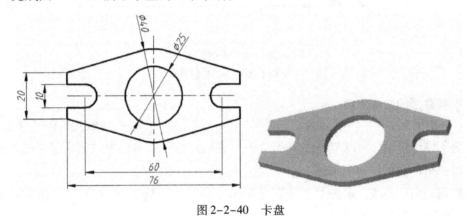

图 2-2-40 卡盘

任务 2.3 手柄截面的二维草绘——学习复杂图形绘制、标注与约束（二）

本任务将以图 2-3-1 所示手柄截面的二维草绘，说明 Creo 3.0 软件中复杂图形的绘制、标注与几何约束的添加。

2.3.1 任务学习

1. 新建文件

① 设置工作目录并新建文件，选择 "mmns_part_solid" 选项，以毫米为单位建模，进入 Creo 3.0 实体建模用户界面。

② 创建草绘平面。单击 "模型" 选项卡 "基准" 区域中 "草绘" 按钮 ，选择 TOP 基准平面作为草绘平面。

注意：单击 "视图控制" 工具条中的 "草绘视图" 按钮 ，让草绘平面与视图平行。

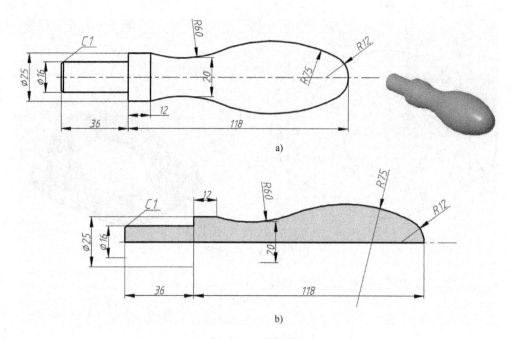

图 2-3-1　手柄截面

a）手柄工程图　b）手柄截面

2. 手柄截面的二维草绘

（1）草绘图元　　　　　　　　　　　　　　　　　　——绘制几何图元（三）【1】

① 为了便于草绘，可以单击图 2-3-2 中"视图控制"工具条中"基准显示过滤器"按钮，将"平面显示"按钮关掉。

② 绘制一条中心线。单击"草绘"选项卡中的"中心线"按钮 中心线，绘制一条水平中心线，如图 2-3-3 所示。

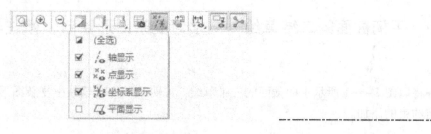

图 2-3-2　基准显示过滤器　　　　　　　　　图 2-3-3　绘制中心线

③ 绘制直线。在"草绘"选项卡中单击"线"按钮 ∨ 线 ∨ 中的下拉箭头，再单击"线链"按钮，绘制直线，如图 2-3-4 所示。

④ 绘制圆弧。在"草绘"选项卡中单击"圆弧"按钮 ⌐弧 中的下拉箭头，单击"圆心和端点"按钮，在绘图区直线上方单击，确定圆弧的中心，然后将圆拉到所需大小，并在圆上单击两点以确定圆弧的两个端点；利用同样的方法，以中心线上任意点为圆心，绘制另一个圆弧，如图 2-3-5 所示。

⑤ 绘制圆角。单击"圆角"按钮 圆角 下拉箭头，然后单击"圆形修剪"按钮，分别选

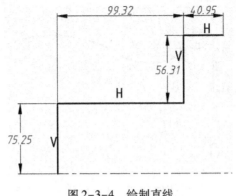

图 2-3-4　绘制直线

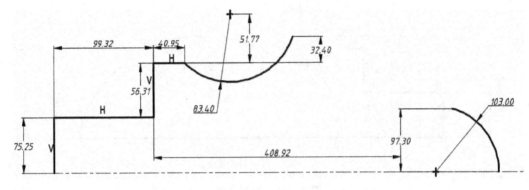

图 2-3-5　绘制圆弧

取两个圆弧，系统便在这两个圆之间创建圆角，并将这两个圆修剪至交点，如图 2-3-6 所示。

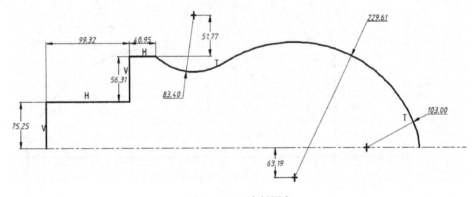

图 2-3-6　绘制圆角

⑥ 绘制倒角。单击"倒角"按钮 倒角 下拉箭头，然后单击"倒角修剪"按钮，分别选取两条边，系统便在这两条边之间创建倒角，并将这两条边修剪至交点，如图 2-3-7 所示。

⑦ 绘制直线。在"草绘"选项卡中单击"线"按钮 线 中的下拉箭头，再单击"线链"按钮，绘制直线，如图 2-3-8 所示。

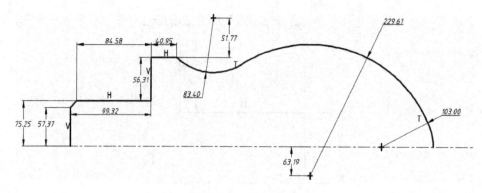

图 2-3-7　绘制倒角

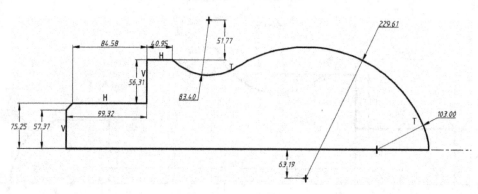

图 2-3-8　绘制直线

（2）标注尺寸

——标注尺寸（二）【2】

尺寸标注可以直接单击"尺寸"区域中的"法向"按钮，根据图 2-3-1 所示尺寸进行标注。特别注意，只标注，无需修改尺寸，后续会统一完成尺寸的修改，如图 2-3-9 所示。

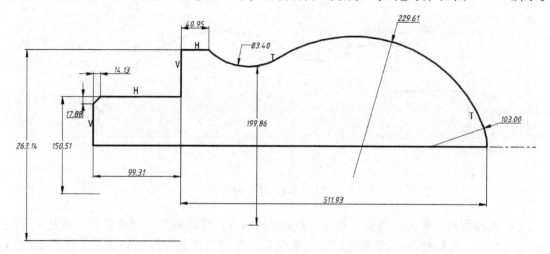

图 2-3-9　标注尺寸

注意：

◇ 旋转截面的标注必须有回转中心线辅助才能完成旋转截面尺寸的标注。

50

◇ "C1" 表示倒角，即 "1×1" 或 "1×45°"。

（3）修改尺寸

① 单击鼠标框选全部尺寸（或按住〈Ctrl〉键选取全部尺寸），此时所有尺寸颜色变绿。

② 单击 "编辑" 选项卡中的 "修改" 按钮 ，系统弹出 "修改尺寸" 对话框，如图 2-3-10 所示，所选取的每一个目标尺寸值和尺寸参数均出现在 "尺寸" 列表中。

③ 去掉 "重新生成" 复选框的对勾，在尺寸列表中输入新的尺寸值。

④ 修改完毕后，单击 "确定" 按钮，系统重新生成二维草图并关闭对话框，完成手柄截面的绘制，如图 2-3-11 所示。

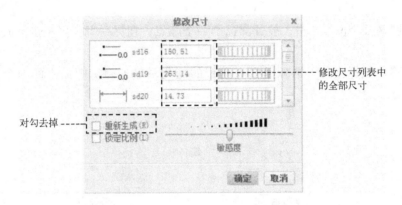

图 2-3-10 "修改尺寸" 对话框

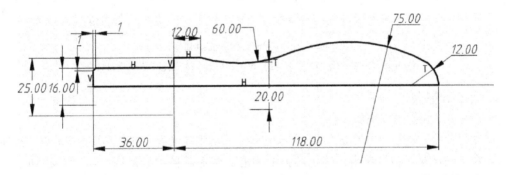

图 2-3-11 手柄截面的草绘

（4）完成

单击 "确定" 按钮 ，保存截面并退出。

3. 手柄的 3D 效果预览

单击 "模型" 选项卡 "形状" 区域的 "旋转" 按钮 ，选取图 2-3-11 所示截面草图，定义旋转属性，输入旋转角度 360，单击 "完成" 按钮 ，完成手柄的 3D 效果，如图 2-3-12 所示。效果预览涉及的三维建模命令，本书会在后续项目 3 中深入展开与讲解。

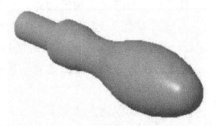

图 2-3-12 手柄的 3D 效果

2.3.2 任务注释

1. 绘制几何图元（三）

（1）绘制圆弧

绘制圆弧有5种方式，分别为"3点/相切端""圆心和端点""3相切""同心"和"圆锥"。

1）3点/相切端。

通过圆弧的两个端点和弧上的一个附加点来创建一个三点圆弧。操作方法如下：

① 在"草绘"选项卡中单击"圆弧"按钮 ⌒弧 中的下拉箭头，单击"3点/相切端"按钮。

② 在绘图区某个位置单击，放置圆弧的一个端点，在另一个位置单击，放置圆弧另一个端点。

③ 此时移动鼠标指针，圆弧呈橡皮筋似的变化，单击确定圆弧上的一个附着点，如图2-3-13所示。

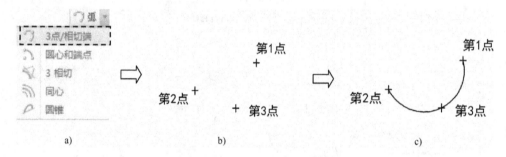

图2-3-13　通过3个点创建圆弧

a）单击"3点/相切端"按钮　b）单击3个点　c）通过3点创建圆弧

2）圆心和端点。

圆心和端点的创建方法如下：

① 在"草绘"选项卡中单击"圆弧"按钮 ⌒弧 中的下拉箭头，单击"圆心和端点"按钮。

② 在绘图区某个位置单击，确定圆弧的中心，然后将圆拉到所需大小，并在圆上单击两点以确定圆弧的两个端点。

3）3相切。

创建与3个图元相切的圆弧，创建方法如下：

① 在"草绘"选项卡中单击"圆弧"按钮 ⌒弧 中的下拉箭头，单击"3相切"按钮。

② 分别选取3个图元，系统便自动创建与3个图元相切的圆弧。

注意： 在第3个图元上选取不同的位置点，可创建不同的相切圆弧。

4）同心。

同心圆弧的创建方法如下：

① 在"草绘"选项卡中单击"圆弧"按钮 ⌒弧 中的下拉箭头，单击"同心"按钮。

② 选取一个参考圆或圆弧来定义圆心。

③ 将圆拉至所需大小，然后在圆上单击两个点以确定圆弧的两个端点，如图2-3-14所示。

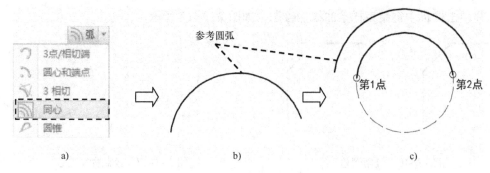

图 2-3-14　通过同心创建圆弧

a) 单击"同心"按钮　b) 选取参考圆弧　c) 选取圆弧两端点

5) 圆锥。

圆锥弧线的创建方法如下：

① 在"草绘"选项卡中单击"圆弧"按钮 弧 中的下拉箭头，单击"圆锥"按钮。

② 在绘图区单击两点，确定圆弧曲线的两端点。

③ 移动光标，圆锥呈橡皮筋似的变化，单击圆弧的顶点位置，如图 2-3-15 所示。

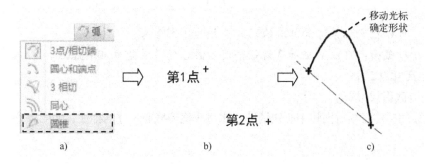

图 2-3-15　通过圆锥创建圆弧

a) 单击"圆锥"按钮　b) 单击两个点　c) 移动光标确定形状

（2）绘制倒角

绘制倒角的创建方法如下：

① 单击"倒角"按钮 倒角 下拉箭头，然后单击"倒角修剪"按钮。

② 分别选取两个图元（两条边），系统便在这两个图元间创建倒角，并将这两个图元修剪至交点。

说明：

◇ 如果单击"倒角"按钮 倒角 下拉箭头中的"倒角"按钮，系统在创建倒角后会以构造线（虚线）显示拐角，如图 2-3-16 所示。

◇ 倒角的对象可以是直线，也可以是样条曲线。

（3）绘制样条曲线

样条曲线是通过任意多个中间点的平滑曲线，创建方法如下：

① 在"草绘"选项卡中单击"样条曲线"按钮 样条 。

② 单击一系列点，可观察到一条橡皮筋一样的样条曲线附着在鼠标指针上。

③ 单击鼠标中键结束样条曲线的绘制，如图2-3-17所示。

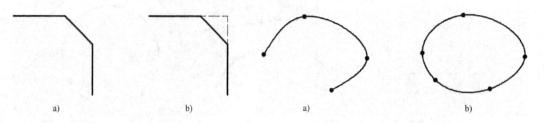

图2-3-16　绘制倒角
a)"倒角修剪"倒角　b)"倒角"倒角

图2-3-17　绘制样条曲线
a)"不封闭"样条曲线　b)"封闭"样条曲线

（4）创建坐标系

在草绘环境下创建坐标系，创建方法如下：

① 在"草绘"选项卡中单击"坐标系"按钮 坐标系。

② 在绘图区的某个位置单击放置在坐标系的原点。

说明：可以将坐标系与下列对象一起使用。

◇ 样条：用坐标系标注样条曲线，即可通过坐标系指定X、Y、Z轴的坐标值来修改样条点。

◇ 参考：可以把坐标系增加到二维草图中作为草图参考。

◇ 混合特征截面：可以用坐标系为每个用于混合的截面建立相对原点。

2. 标注尺寸（二）

（1）旋转截面尺寸标注。

旋转截面的标注必须有回转中心线辅助才能完成旋转截面尺寸的标注，如图2-3-18所示。

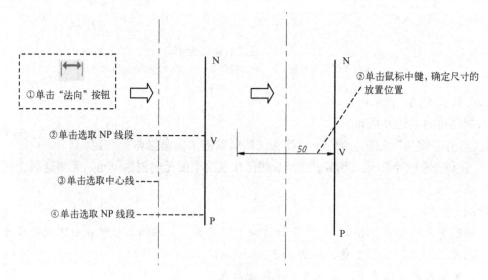

图2-3-18　旋转截面尺寸标注

（2）角度标注。

1）两直线间角度标注。

两直线间角度的标注方法，如图2-3-19所示。需注意，尺寸的放置位置不同，标注的角度也不相同。

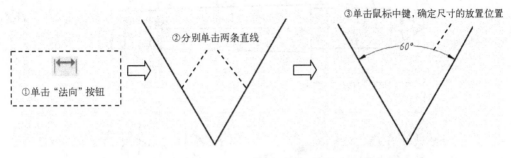

图2-3-19 两直线间的角度标注

2）圆弧角度标注。

圆弧角度的标注方法，如图2-3-20所示。

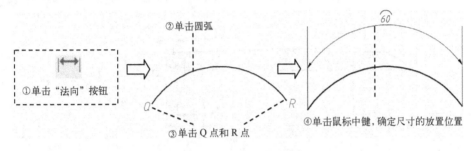

图2-3-20 圆弧角度标注

2.3.3 知识拓展

完成图2-3-21锥形轴截面的二维草绘。

1. 新建文件

① 设置工作目录并新建文件，选择"mmns_part_solid"选项，以公制毫米为单位建模，进入Creo 3.0实体建模用户界面。

② 创建草绘平面。单击"模型"选项卡"基准"区域中"草绘"按钮，选择TOP基准平面作为草绘平面。

注意：单击"视图控制"工具条中的"草绘视图"按钮，让草绘平面与视图平行。

2. 锥形轴截面的二维草绘

（1）草绘图元

① 为了便于草绘，可以单击"视图控制"工具条中"基准显示过滤器"按钮，将"平面显示"按钮关掉。

② 绘制一条中心线。单击"草绘"选项卡中的"中心线"按钮，绘制一条水平中心线。

③ 绘制直线。在"草绘"选项卡中单击"线"按钮中的下拉箭头，再单击"线链"按钮，从原点开始绘制直线，如图2-3-22所示。

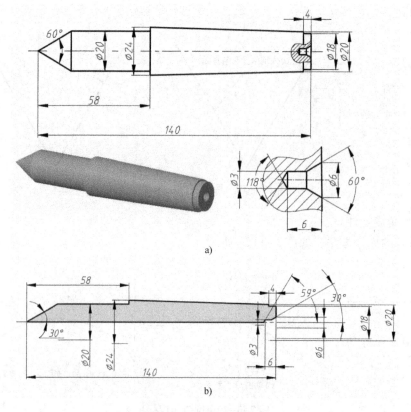

图 2-3-21 锥形轴截面

a）锥形轴工程图　b）锥形轴截面

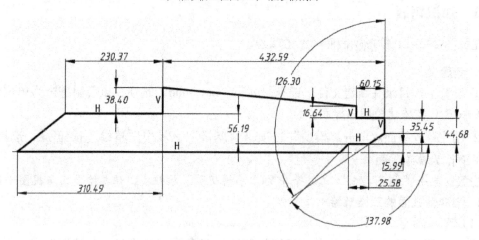

图 2-3-22 绘制直线

（2）标注尺寸

尺寸标注可以直接单击"尺寸"区域中"法向"按钮 ，根据图 2-3-21 所示尺寸进行标注。特别注意，只标注，无需修改尺寸，后续会统一完成尺寸的修改，如图 2-3-23 所示。

注意：旋转截面的标注必须有回转中心线辅助才能完成旋转截面尺寸的标注。

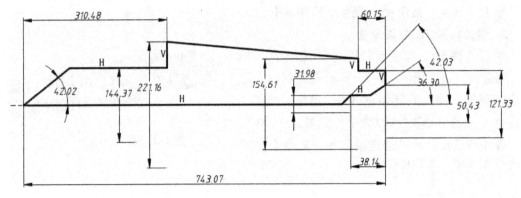

图 2-3-23 标注尺寸

（3）修改尺寸

① 单击鼠标框选全部尺寸（或者按住〈Ctrl〉键选取全部尺寸），此时所有尺寸颜色变绿。

② 单击"编辑"选项卡中的"修改"按钮 ，系统弹出"修改尺寸"对话框，如图 2-3-24 所示，所选取的每一个目标尺寸值和尺寸参数均出现在"尺寸"列表中。

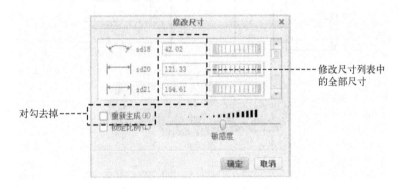

图 2-3-24 "修改尺寸"对话框

③ 去掉"重新生成"复选框的对勾，在尺寸列表中输入新的尺寸值。

④ 修改完毕后，单击"确定"按钮，系统重新生成二维草图并关闭对话框，完成锥形轴截面的绘制，如图 2-3-25 所示。

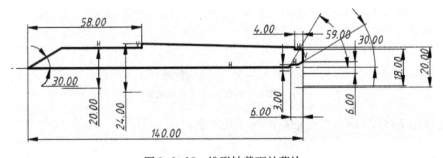

图 2-3-25 锥形轴截面的草绘

（4）完成

单击"确定"按钮 ✓，保存截面并退出。

3. 锥形轴的 3D 效果预览

单击"模型"选项卡"形状"区域的"旋转"按钮 ⊛，选取图 2-3-25 所示截面草图，定义旋转属性，输入旋转角度 360，单击"完成"按钮 ✓，完成锥形轴的 3D 效果，如图 2-3-26 所示。效果预览涉及的三维建模命令，本书会在后续项目 3 中深入展开与讲解。

图 2-3-26　手柄的 3D 效果

2.3.4　课后练习

1. 完成图 2-3-27 所示支撑轴截面的二维草绘。

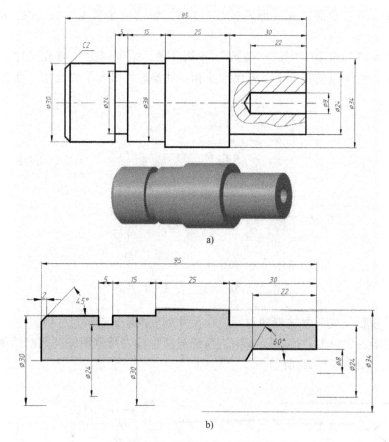

图 2-3-27　支撑轴截面

a）支撑轴工程图　b）支撑轴截面

2. 完成图 2-3-28 所示锥形轴截面的二维草绘。

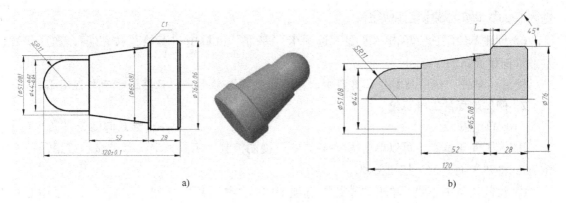

图 2-3-28　锥形轴截面

a）锥形轴工程图　b）锥形轴截面

任务 2.4　阀体端面的二维草绘——学习复杂图形绘制、标注与约束（三）

本项目将以图 2-4-1 所示阀体端面的二维草绘，说明 Creo 3.0 软件中复杂图形的绘制、标注与几何约束的添加。

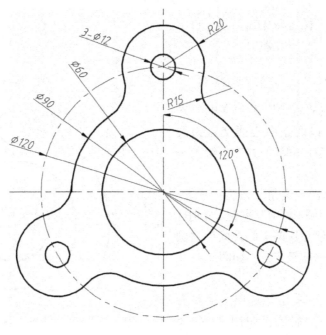

图 2-4-1　阀体端面

2.4.1　任务学习

1. 新建文件

① 设置工作目录并新建文件，选择"mmns_part_solid"选项，以公制毫米为单位建模，

进入 Creo 3.0 实体建模用户界面。

②创建草绘平面。单击"模型"选项卡"基准"区域中"草绘"按钮 ~，选择 TOP 基准平面作为草绘平面。

注意：单击"视图控制"工具条中的"草绘视图"按钮 ，让草绘平面与视图平行。

2．阀体端面的二维草绘

（1）草绘图元   ——绘制几何图元（四）【1】

①为了便于草绘，可以单击图 2-4-2 中"视图控制"工具条中"基准显示过滤器"按钮 ，将"平面显示"按钮关掉。

②绘制两条中心线。单击"草绘"选项卡中的"中心线"按钮，绘制一条水平中心线和一条竖直中心线，如图 2-4-3 所示。

图 2-4-2　基准显示过滤器

图 2-4-3　绘制中心线

③绘制圆。在"草绘"选项卡中单击"圆"按钮 ，以两条中心线交点为圆心，绘制 3 个圆，运用同样的方法再绘制一个圆，如图 2-4-4 所示。

④倒圆角。单击"圆角"按钮 下拉箭头，然后单击"圆形修剪"按钮，分别选取两个圆弧，系统便在这两个圆之间创建圆角，并将这两个圆修剪至交点，如图 2-4-5 所示。

⑤绘制圆。在"草绘"选项卡中单击"圆"按钮 ，绘制圆，如图 2-4-6 所示。

⑥创建构造图，如图 2-4-7 所示。

（2）添加几何约束

添加半径相等约束，如图 2-4-8 所示。

（3）修正图元   ——修正图元（二）【2】

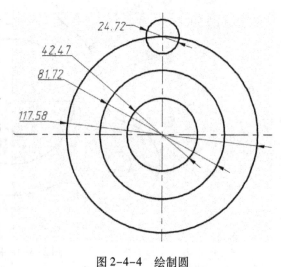

图 2-4-4　绘制圆

① 删除多余的弧线。单击"编辑"选项卡中的"删除段"按钮 删除段；在绘图区依次单击图元上需要去掉的圆弧部分，即完成圆弧的修剪，如图 2-4-9 所示。

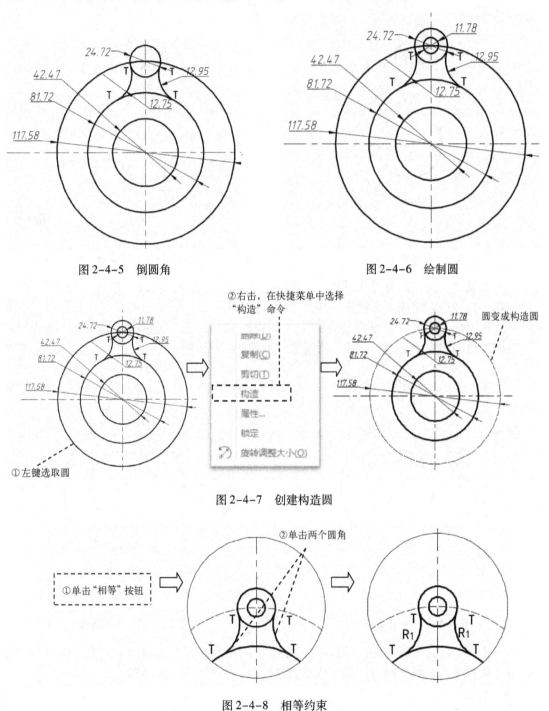

图 2-4-5　倒圆角

图 2-4-6　绘制圆

图 2-4-7　创建构造圆

图 2-4-8　相等约束

② 镜像。

◇ 绘制镜像线。单击"草绘"选项卡中"中心线"按钮，绘制一条中心线，如图2-4-10所示。

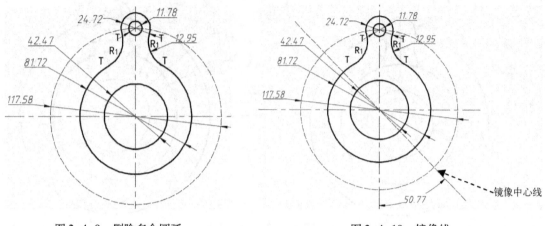

图2-4-9　删除多余圆弧　　　　　　　图2-4-10　镜像线

◇ 一次镜像。选取需要镜像的图元（按住〈Ctrl〉键完成多选），单击"镜像"按钮，单击镜像线，完成一次镜像，如图2-4-11所示。

◇ 二次镜像。选取一次镜像出的图元，（按住〈Ctrl〉键完成多选），单击"镜像"按钮，单击竖直中心线，完成二次镜像，如图2-4-12所示。

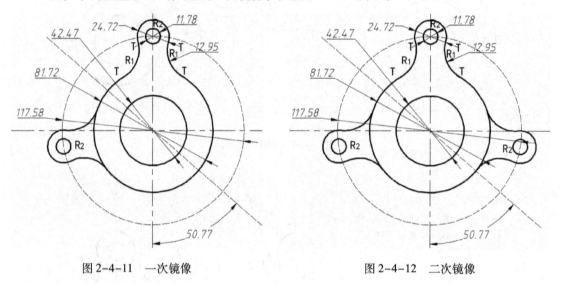

图2-4-11　一次镜像　　　　　　　图2-4-12　二次镜像

③ 删除多余的弧线。单击"编辑"选项卡中的"删除段"按钮 删除段；在绘图区依次单击图元上需要去掉的圆弧部分，即完成圆弧的修剪，如图2-4-13所示。

（4）标注尺寸

尺寸标注可以直接单击"尺寸"区域中"法向"按钮 法向，根据图2-4-1所示尺寸进行标注。特别注意，只标注，无需修改尺寸，后续会统一完成尺寸的修改，如图2-4-14所示。

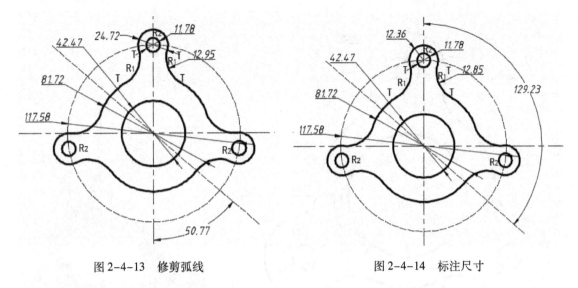

图 2-4-13　修剪弧线　　　　　　　　　　图 2-4-14　标注尺寸

（5）修改尺寸

① 单击鼠标框选全部尺寸（或者按住〈Ctrl〉键选取全部尺寸），此时所有尺寸颜色变绿。

② 单击"编辑"选项卡中的"修改"按钮 修改，系统弹出"修改尺寸"对话框，如图 2-4-15 所示，所选取的每一个目标尺寸值和尺寸参数均出现在"尺寸"列表中。

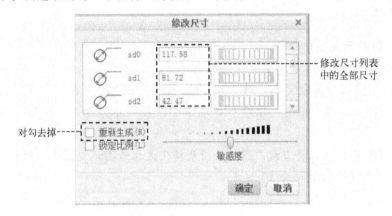

图 2-4-15　"修改尺寸"对话框

③ 去掉"重新生成"复选框的对勾，在尺寸列表中输入新的尺寸值。

④ 修改完毕后，单击"确定"按钮，系统重新生成二维草图并关闭对话框，完成阀体端面的绘制，如图 2-4-16 所示。

（6）完成

单击"确定"按钮 ，保存截面并退出。

3. 阀体端面的 3D 效果预览

单击"模型"选项卡"形状"区域的"拉伸"按钮 ，选取图 2-4-16 所示截面草图，定义拉伸属性，输入深度值2，单击"完成"按钮 ，完成阀体端面的 3D 效果，如图 2-4-17 所示。效果预览涉及的三维建模命令，本书会在后续项目 3 中深入展开与讲解。

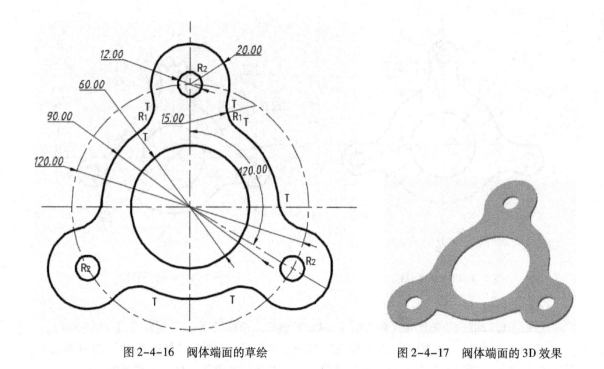

图 2-4-16　阀体端面的草绘

图 2-4-17　阀体端面的 3D 效果

2.4.2　任务注释

1. 绘制几何图元（四）

（1）构造模式

"构造模式"是指在构造模式下创建新几何。操作方法如下：在"草绘"选项卡中单击"构造模式"按钮 ，然后单击"草绘"选项卡中的任一草绘命令，创建的图元均为构造模式。

说明：在草绘中，可以将直线、圆弧等图元转化成构造图元以建立辅助参考，构造图元以虚线显示，操作方法如图 2-4-18 所示。

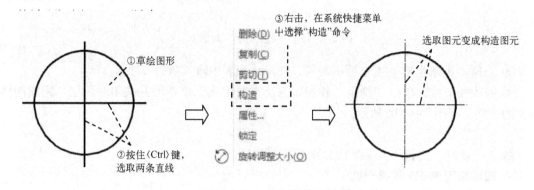

图 2-4-18　创建构造图元

（2）创建文本

以图 2-4-19 为例，说明创建文本的操作方法。

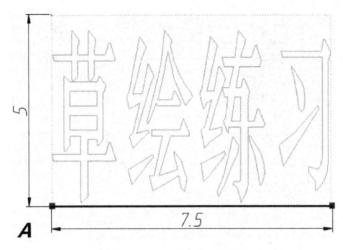

图 2-4-19　创建文本举例

1）绘制长度为 7.5 mm 水平线段。

① 在"草绘"选项卡中单击"线"按钮。

② 在绘图区任意位置单击，作为直线的起始位置点，这是可看到一条"橡皮筋"线附着在鼠标指针上。

③ 水平拖动鼠标指针，单击作为线段终点位置，系统在两点间创建一条直线。

④ 单击鼠标中键（两次），结束直线的创建。

⑤ 双击尺寸，将其修改为 7.5 mm。

2）创建文本。

① 在"草绘"选项卡中单击"文本"按钮 **A 文本**。

② 在系统提示"选择行的起点，确定文稿度和方向"时，单击选取图 1 所示 A 点。

③ 在系统提示"选择行的第二点，确定文本高度和方向"时，在 7.5 mm 水平线段上方任意选取竖直线上任意一点。此时在两点之间会显示一条构造线，该线的长度决定文本的高度，该线的角度决定文本的方向。

④ 系统弹出"文本"对话框，如图 2-4-20 所示，在"文本行"文本框中输入"草绘练习"，"位置"选项中"水平"为"左侧"，"竖直"为"底部"，"长宽比"文本框中输入"0.4"，单击"确定"按钮，完成文本的创建。

3）"文本"对话框说明。

① "文本行"文本框：在纯草绘模式下和零件模式下的草绘环境中弹出的"文本"对话框是有所区别的。在纯草绘模式下，可直接在"文本行"文本框中输入要创建的文本内容（一般应少于 79 个字符），在零件模式下的草绘环境，则需要选中"手工输入文本"单选按钮，然后输入需要创建的文本内容。

② "字体"下拉列表框：从系统提供的字体中选择需要的字体。

③ "位置"下拉列表框："水平"选项指在水平方向上，起始点可位于文本行的左边、中心或右边；"竖直"选项指在垂直方向上，起始点可位于文本行的底部、中间或顶部。

④ "长宽比"文本框：拖动滑动条增大或减小文本的长宽比。

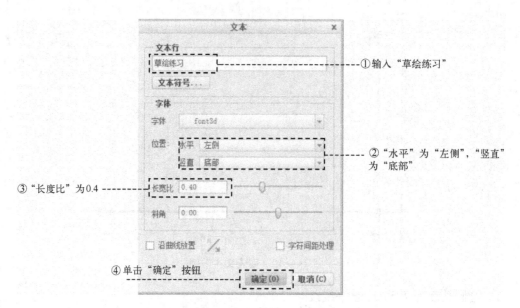

图 2-4-20 "文本"对话框

⑤"斜角"文本框:拖动滑动条增大或减小文本的倾斜角度。

⑥"沿曲线放置"复选框:选中此复选框,可沿着一条曲线放置文本,然后需选择在其上放置文本的弧或样条曲线,如图 2-4-21 所示。

⑦"字符间距处理"复选框:启用文本字符串的字符间距处理,可控制某些字符之间的空格,改善文本字符串的外观。

(3)草绘选项板

草绘选项板可以将"草绘选项板"的外部数据插入到绘图区域中,以"I 形轮廓"为例说明草绘选项板的使用方法,如图 2-4-22 所示。

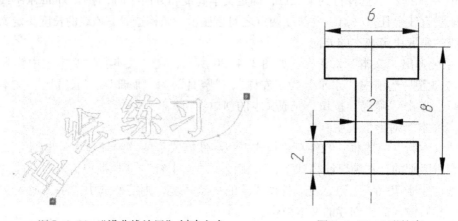

图 2-4-21 "沿曲线放置"创建文本   图 2-4-22 I 形轮廓

① 在"草绘"选项卡中单击"选项板"按钮 选项板。

② 系统弹出"草绘器调色板"对话框,如图 2-4-23 所示,单击"轮廓"选项卡,在对话框中找到"I 形轮廓"。

③ 单击"I 形轮廓"预览图形。

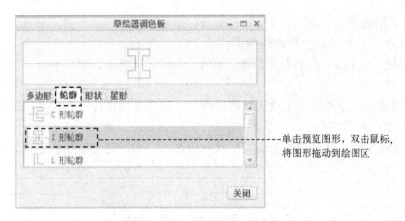

图 2-4-23 "草绘器调色板"对话框

④ 双击鼠标,将"I 形轮廓"拖动到绘图区。

⑤ 系统弹出"导入截面"工具条,如图 2-4-24 所示,输入比例因子"2",单击"确定"按钮 ✓,完成"I 形轮廓"截面的导入与绘制。

图 2-4-24 "导入截面"工具条

(4) 绘制椭圆

Creo 3.0 软件提供了两种创建椭圆的方法,分别为"轴端点椭圆"和"中心和轴椭圆"。

1) 轴端点椭圆。

利用轴端点来创建椭圆,创建方法如下:

① 在"草绘"选项卡中单击"椭圆"按钮 ○椭圆 下拉箭头,然后单击"轴端点椭圆"按钮。

② 在绘图区的某个位置单击,放置椭圆的一条轴线的起始端点,移动鼠标指针,在绘图区的某位置单击,放置该椭圆当前轴线的结束端点。

③ 移动鼠标指针,将椭圆拉至所需形状并单击放置另一轴线,完成椭圆的创建,如图 2-4-25 所示。

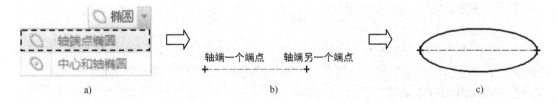

图 2-4-25 利用轴端点来创建椭圆

a) 单击"轴端点椭圆"按钮 b) 选取一条轴线两个端点 c) 拖动鼠标指针创建椭圆

2）中心和轴椭圆。

利用椭圆中心和长轴端点来创建椭圆。

① 在"草绘"选项卡中单击"椭圆"按钮 ⟨椭圆⟩ 下拉箭头，然后单击"中心和轴椭圆"按钮。

② 在绘图区的某位置单击，放置椭圆的圆心，移动鼠标指针，在绘图区的某位置单击，放置椭圆的一条轴线的端点。

③ 移动鼠标指针，将椭圆拉至所需形状并单击，完成椭圆的创建，如图 2-4-26 所示。

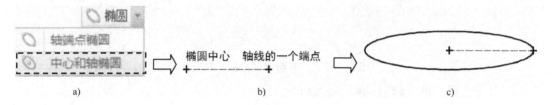

图 2-4-26 利用椭圆中心和轴端点创建椭圆

a）"中心和轴椭圆"按钮 b）选取椭圆中心和轴线上一端点 c）拖动鼠标指针创建椭圆

2. 修正图元（二）

（1）分割

"分割"命令在选择点的位置处分割图元。以图 2-4-27 为例说明操作方法。图 2-4-27a 为分割前，图 2-4-27b 为分割后。

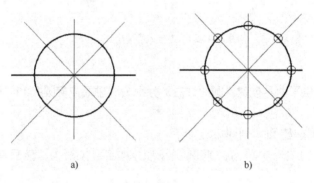

图 2-4-27 "分割"命令示例

a）分割前 b）分割后

① 单击"编辑"选项卡中的"分割"按钮 ⟨分割⟩。

② 依次选择圆与中心线的交点作为分割位置。

③ 单击鼠标中键，结束命令操作。

（2）旋转调整大小

旋转调整大小可以实现图元的缩放、平移和旋转变换操作。以图 2-4-28 为例，说明旋转调整大小命令的具体操作方法。图 2-4-28a 为调整前，图 2-4-28b 为调整后。

① 选取 100×50 的矩形。

② 单击"编辑"选项卡中的"旋转调整大小"按钮，系统弹出"旋转调整大小"工具条，如图 2-4-29 所示，在"缩放比例"文本框 中输入"0.5"，"旋转角度"文本框 中

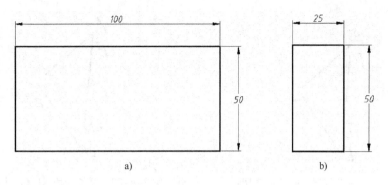

图 2-4-28　旋转调整大小示例

a）调整前　b）调整后

输入"90"，单击"确定"按钮 ✓，完成矩形的调整，如图 2-4-28b 所示。

图 2-4-29　"旋转调整大小"工具条

"旋转调整大小"工具条及其说明如图 2-4-30 所示。

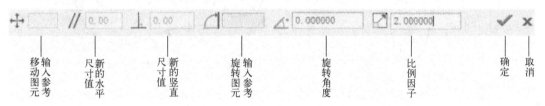

图 2-4-30　"旋转调整大小"工具条及其说明

（3）拐角

"拐角"命令指将图元修剪到其他图元或几何。以图 2-4-31 为例说明操作方法。图 2-4-31a 为修剪前，图 2-4-31b 为修剪后。

① 单击"编辑"选项卡中的"拐角"按钮。

② 依次单击要保留的线段 AE 和线段 DE，完成图形如图 2-4-32 所示。

③ 再次单击线段 AE 和 FG，系统将自动将线段 FG 和 AE 延伸至交点，如图 2-4-33 所示。

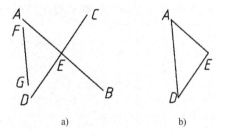

图 2-4-31　"拐角"命令示例

a）修剪前　b）修剪后

④ 再次单击线段 DE 和线段 FG，系统将自动将线段 DE 和 FG 延伸至交点，完成图形如图 2-4-31b 所示。

说明： 如果所选两个图元不相交，则系统会将其进行延伸，并将线段修剪至交点。

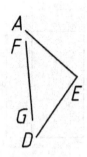

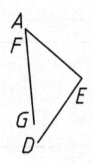

图 2-4-32　保留线段 AE 和线段 DE　　　　　图 2-4-33　延长线段 AE 和线段 FG

2.4.3　课后练习

1. 完成图 2-4-34 所示截面的草绘。

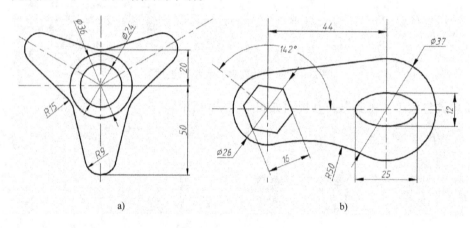

a)　　　　　　　　　　　　　　　　　b)

图 2-4-34　课后练习一

2. 完成图 2-4-35 所示截面的草绘。

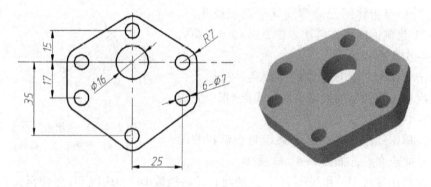

图 2-4-35　课后练习二

提示: 圆 $\phi 7$ 与圆弧 R7 同心。

项目 3 三维实体建模

任务 3.1 名片盒的三维建模——学习拉伸特征和抽壳特征

拉伸特征是零件建模的基础特征。本任务将以如图 3-1-1 所示的名片盒的三维建模，说明 Creo 3.0 软件中拉伸特征与抽壳特征的使用。

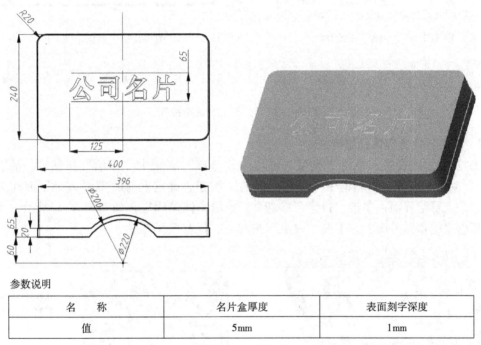

参数说明

名　　称	名片盒厚度	表面刻字深度
值	5mm	1mm

图 3-1-1 名片盒

3.1.1 任务学习

1. 创建名片盒实体特征

① 绘制截面草图。单击"模型"选项卡"基准"区域中"草绘"按钮 ，系统弹出"草绘"对话框，选择 TOP 基准平面作为草绘平面，系统自动选择 RIGHT 基准平面为参考平面，方向为右，如图 3-1-2 所示，单击"草绘"按钮，绘制如图 3-1-3 所示截面草图。单击"确定"按钮 ，保存截面并退出。

注意：单击"草绘视图"按钮 ，定向草绘平面使其与屏幕平行。

② 创建拉伸特征。单击"模型"选项卡"形状"区域的"拉伸"按钮 ，选取图 3-1-3 所示截面草图，定义拉伸属性，输入深度值 65，如图 3-1-4 所示，单击"完成"按钮 ，完成名片盒实体特征的创建，如图 3-1-5 所示。　　　　　　　　　　**——拉伸特征【1】**

图 3-1-2 "草绘"对话框

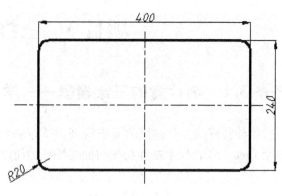

图 3-1-3 截面草图

图 3-1-4 "拉伸"特征操控板

2. 创建名片盒实体凸缘特征

① 创建曲线投影。单击"模型"选项卡"基准"区域中"草绘"按钮，系统弹出"草绘"对话框，单击对话框中"使用先前的"按钮，确定先前的 TOP 基准平面作为草绘平面，进入草绘界面。单击"投影"按钮，选取实体轮廓边，如图 3-1-6 所示，将其投影到新创建的草图平面上，单击"确定"按钮，保存截面并退出。

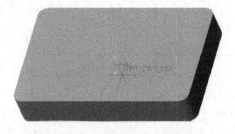

图 3-1-5 名片盒实体特征效果图

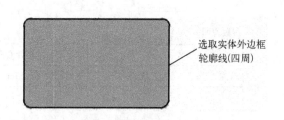

选取实体外边框轮廓线(四周)

图 3-1-6 "投影"中选取的轮廓线

② 创建实体边缘。单击"模型"选项卡"形状"区域的"拉伸"按钮，选取图 3-1-6 所示截面草图，定义拉伸属性输入深度值 20，单击"加厚草绘"按钮，输入厚度值 2，如图 3-1-7 所示，单击"完成"按钮，完成名片盒实体特征的创建，如图 3-1-8 所示。

图 3-1-7 "拉伸"特征操控板

注意： 在操控板中系统默认为"移除材料"类型，按钮处于选中状态，单击该按钮，取消选中。

③ 创建凸缘截面。单击"模型"选项卡"基准"区域中"草绘"按钮，系统弹出

72

"草绘"对话框，选择FRONT基准平面作为草绘平面，系统自动选择RIGHT基准平面为参考平面，方向为右，单击"草绘"按钮，绘制如图3-1-9所示截面草图。单击"确定"按钮 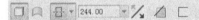，保存截面并退出。

图3-1-8　实体边缘建模效果图

图3-1-9　截面草图

注意：视图显示样式可自由切换。草绘中，为了便于绘制，可将样式设置为"线框"模式。单击工具条中的"显示样式"按钮，选择"线框模式"。

④ 创建实体凸缘。单击"模型"选项卡"形状"区域的"拉伸"按钮，选取图3-1-9所示截面草图，定义拉伸属性，单击按钮下拉箭头，选择"对称拉伸"，输入拉伸深度值244，如图3-1-10所示，单击"完成"按钮，完成名片盒凸缘的创建，如图3-1-11所示。

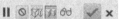

图3-1-10　"拉伸"特征操控板

注意：

◇ 在操控板中确认"拉伸为实体"按钮处于选中状态，"拉伸为曲面"按钮未被选中。

◇ 在操控板中系统默认为"移除材料"类型，按钮处于选中状态，单击该按钮，取消选中。

◇ 三维建模中可将视图显示样式设置为"着色"模式。单击工具条中的"显示样式"按钮，选择"着色模式"。

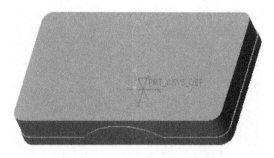

图3-1-11　名片盒凸缘建模效果图

3. 创建抽壳特征

单击"模型"选项卡"工程"区域中的"抽壳"按钮，系统弹出"抽壳"特征操控板，输入抽壳的壁厚值为5，如图3-1-12所示。选取抽壳时要去除的实体表面，如图3-1-13所示，单击"完成"按钮✓，完成抽壳特征，如图3-1-14所示。　　　　　——抽壳特征【2】

图3-1-12　"壳"特征操控板

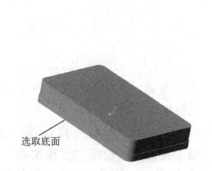

图3-1-13　"抽壳"移除面

图3-1-14　"抽壳"效果图

4. 切割实体特征

① 创建圆截面。单击"模型"选项卡"基准"区域中"草绘"按钮〜，系统弹出"草绘"对话框，选择FRONT基准平面作为草绘平面，系统自动选择RIGHT基准平面为参考平面，方向为右，单击"草绘"按钮，绘制如图3-1-15所示截面草图。单击"确定"按钮，保存截面并退出。

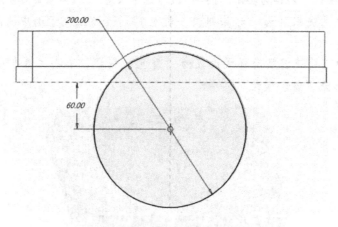

图3-1-15　截面草图

注意： 视图显示样式可自由切换。草绘中，为了便于绘制，可将样式设置为"线框"模式。单击工具条中的"显示样式"按钮▱，选择"线框模式"▱。

② 切割实体。单击"模型"选项卡"形状"区域的"拉伸"按钮，选取图3-1-15所示截面草图，定义拉伸属性，单击▣·按钮下拉箭头，选择"对称拉伸"▣，输入拉伸

74

深度值 244，按下"移除材料"按钮，如图 3-1-16 所示，单击"完成"按钮✔，完成切割，如图 3-1-17 所示。

图 3-1-16 "拉伸"特征操控板

5. 创建名片盒文字

① 草绘文字。单击"模型"选项卡"基准"区域中"草绘"按钮～，系统弹出"草绘"对话框，选择名片盒顶面作为草绘平面，如图 3-1-18 所示，系统自动选择 RIGHT 基准平面为参考平面，方向为右，单击"草绘"按钮，绘制如图 3-1-19 所示截面草图文字。单击"确定"按钮✔，保存截面并退出。

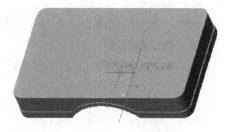

图 3-1-17 切割效果图

图 3-1-18 草绘平面

图 3-1-19 截面草图文字

② 创建名片盒文字实体。单击"模型"选项卡"形状"区域的"拉伸"按钮，选取图 3-1-19 所示截面草图，定义拉伸属性，输入深度值 1，单击反向按钮，按下"移除材料"按钮去除材料，如图 3-1-20 所示，单击"完成"按钮✔，完成名片盒的三维建模，如图 3-1-21 所示。

图 3-1-20 "拉伸"特征操控板

图 3-1-21 名片盒效果图

3.1.2 任务注释

1. 拉伸特征

拉伸特征是指截面沿着垂直于草图平面的方向伸长，从而创建出实体或曲面。它是最基本且经常使用的零件建模工具选项。

（1）输入命令

单击"模型"选项卡"形状"区域的"拉伸"按钮 ❖。

（2）特征操控板

图3-1-22为拉伸特征的操控面板。

图3-1-22 "拉伸"特征操控板

1）拉伸特征类型。

拉伸特征可创建以下几种类型特征，如图3-1-23所示。

◆ "实体"类型：单击"拉伸"特征操控板中的"实体"特征类型按钮□，可以创建实体类型的特征。

◆ "曲面"类型：单击"拉伸"特征操控板中的"曲面"特征类型按钮 ◻，可以创建曲面类型的特征。在 Creo 中，曲面是没有厚度和重量的片体几何。

◆ "薄壁"类型：单击"拉伸"特征操控板中的"薄壁"特征类型按钮□，可以创建薄壁类型的特征。

在由截面草图生成实体时，薄壁特征的截面草图则由材料填充成均匀厚度的环，填充方向分为单侧填充和两侧对称填充。

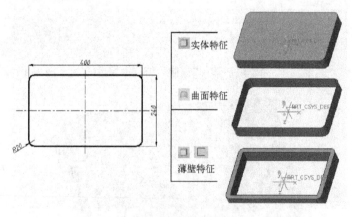

图3-1-23 拉伸特征类型

2）拉伸切除类型。

拉伸切除，是在现有的基础特征上，通过拉伸方式切除材料，如图3-1-24所示。

76

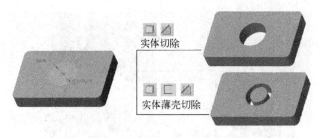

图 3-1-24　拉伸切除类型

3）定义拉伸深度属性。

在拉伸深度 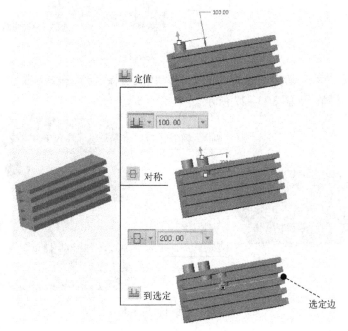 下拉菜单中，可以选取特征的拉伸深度类型，如图 3-1-25 所示，各选项说明如下。

图 3-1-25　拉伸深度类型示意图

◆ （定值）：从草绘平面以指定深度值拉伸截面。

◆ （对称）：在草绘平面的两侧进行拉伸，输入的深度值会被草绘平面平均分割，草绘平面两侧的深度值相等。

◆ （到选定的）：拉伸至选定的点、线、平面或曲面。

当在基础特征上添加其他某些特征时，还会出现其他几种深度选项，如图 3-1-26 所示。

◆ （到下一个）：拉伸至下一个曲面。使用此选项，拉伸特征至第一个曲面时终止。

◆ （穿透）：拉伸至与所有曲面相交。使用此选项，拉伸特征至最后一个曲面时终止。

◆ （穿至）：拉伸与选定的曲面或平面相交。

4）切除材料说明。

对于切除和伸出项，可单击"去除材料"按钮 ，进行两者之间的切换。通过单击

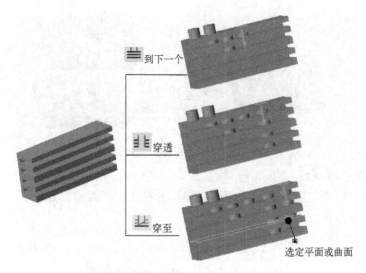

图 3-1-26　拉伸深度类型其他示意图

"反向材料侧"按钮 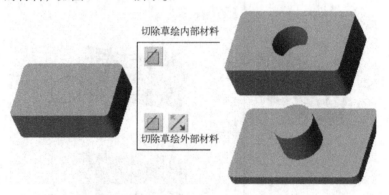，切换切除材料的方向，默认切除草绘截面内部的材料，反向为切除草绘截面以外的材料，如图 3-1-27 所示。

图 3-1-27　切除材料中材料侧定义

5）薄壁拉伸说明。

薄壁拉伸方向主要有 3 种，如图 3-1-28 所示，分别为向草绘截面外部添加厚度、向草绘截面内部添加厚度、向草绘截面两侧添加厚度。

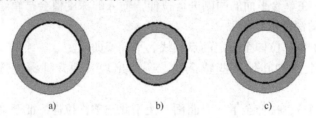

图 3-1-28　薄壁加厚方向
a）外部添加厚度　b）内部添加厚度　c）两侧添加厚度

6）完成特征的创建。

单击操控板中"预览"按钮 ，预览所创建的特征，以检查要素的定义是否正确。预览时，按住鼠标中键进行旋转查看，如果创建的特征不符合设计意图，可选择操控板中的相

78

关选项，重新定义。

单击操控板中"完成"按钮 ✓，完成特征的创建。

（3）特征截面草图定义

在拉伸特征操作过程中，必须定义拉伸特征的草图截面，在 Creo 3.0 中可以通过两种方式定义草绘截面。

◆ 利用"模型"选项卡"基准"区域中"草绘"按钮 ↳，绘制草绘截面；拉伸操作时，直接选取该草绘截面。

◆ 在进行拉伸特征操作时，单击拉伸操控板中的"放置"按钮，然后单击下拉菜单中的"定义"按钮，绘制草图截面，如图 3-1-29 所示。

（4）创建拉伸特征的操作方法

以图 3-1-30 为例，说明拉伸特征的创建方法。

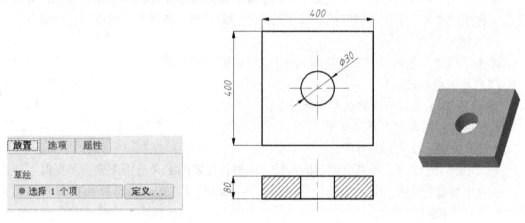

图 3-1-29　"拉伸"特征操控板　　　　　　　　图 3-1-30　示例

① 草绘截面，如图 3-1-30 主视图所示。

② 单击"模型"选项卡"形状"区域的"拉伸"按钮 ▉，选取草绘截面。

③ 定义拉伸类型"实体"，确定拉伸深度，输入 80，单击"预览"按钮 ๒，确认无误，单击"完成"按钮 ✓，完成拉伸特征的创建，如图 3-1-31 所示。

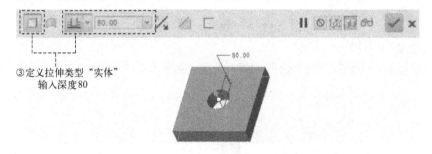

图 3-1-31　拉伸特征的创建

（5）说明

拉伸特征的草绘截面可以是封闭的，也可以是不封闭的，但必须说明：

◆ 作为零件设计的第一个非薄壁的实体特征，其截面必须是封闭的；

◆ 封闭截面可以是单一的封闭环，也可以是多个封闭环，但不可以有相交，如图 3-1-32 所示。

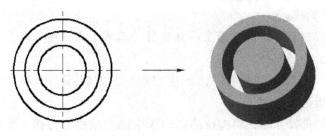

图 3-1-32　多个封闭环

2. 抽壳特征

抽壳特征是指将实体的一个或多个表面去除，然后掏空实体内部，留下壁厚的壳。该特征是一种应用非常广泛的工程特征，如生活用品中的容器、各种具有薄壁结构的零件。

（1）输入命令

单击"模型"选项卡"工程"区域中的"抽壳"按钮 。

（2）特征操控板

图 3-1-33 为抽壳特征的操控面板。

◆ 厚度值：用来定义壳的厚度。

◆ 厚度方向：反向特征方向。

◆ "预览"按钮 ：预览所创建的特征，以检查要素的定义是否正确。预览时，按住鼠标中键进行旋转查看，如果创建的特征不符合设计意图，可选择操控板中的相关选项，重新定义。

◆ "完成"按钮 ：完成特征的创建。

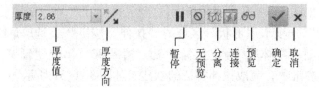

图 3-1-33　"抽壳"特征操控板

（3）其他功能说明

特征控制板中有"参考"和"选项"两项设置，如图 3-1-34 所示，其含义作如下说明。

图 3-1-34　"抽壳"特征操控板

1）参考。包含抽壳特征中使用的参照，具有以下两项内容。

◆ 移除的曲面：用于选取要移除的曲面，需移除多个曲面时，按住〈Ctrl〉键选取，如图 3-1-35 所示。

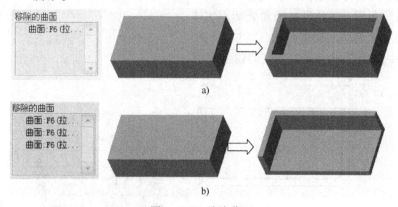

图 3-1-35 移除曲面

a）移除单个曲面 b）移除多个曲面

◆ 非默认厚度：用于选取定义不同厚度的曲面，并为所选取的曲面指定单独的厚度值，如图 3-1-36 所示。

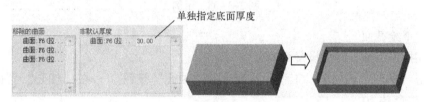

图 3-1-36 非默认厚度

2）选项。包含用于抽壳特征中排除曲面等选项。

◆ 排除的曲面：用于选取一个或多个要从抽壳中排除的曲面，当选取多个排除曲面时，按住〈Ctrl〉键选取，如图 3-1-37 所示。

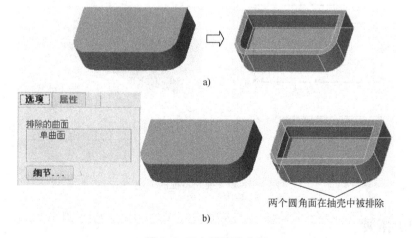

图 3-1-37 排除的曲面

a）未排除两个圆角面的抽壳特征 b）排除两个圆角面的抽壳特征

◆ 曲面延伸：包括延伸内部曲面和延伸排除的曲面两项。延伸内部曲面指在抽壳特征的内部曲面上形成一个盖；延伸排除的曲面是指在抽壳特征的排除曲面上形成一个盖。

◆ 防止壳穿透实体：包括凹拐角和凸拐角两项。凹拐角是用于防止壳在凹角处切割实体；凸拐角用于防止壳在凸角处切割实体。

（4）创建抽壳特征的操作方法

以图 3-1-38 为例说明抽壳特征的创建方法。

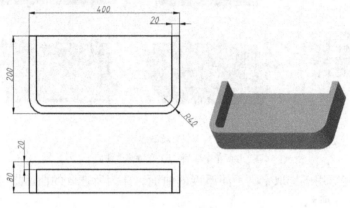

图 3-1-38　示例

① 绘制草绘截面。

② 创建拉伸特征，深度设置为 80。

③ 单击"模型"选项卡"工程"区域中的"抽壳"按钮▦；在"抽壳"特征操控板，输入抽壳的壁厚值 20。

④ 按住〈Ctrl〉键，选取要去除的实体表面，单击"完成"按钮✓，完成抽壳特征，如图 3-1-39 所示。

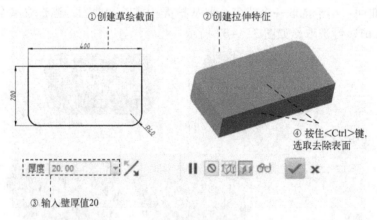

图 3-1-39　抽壳特征的创建

3.1.3　知识拓展

完成图 3-1-40 零件的三维建模。

82

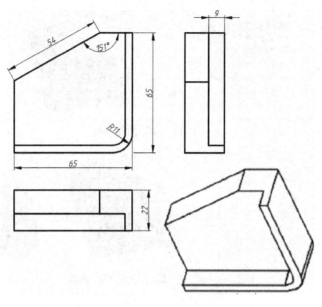

图 3-1-40　零件

1. 创建基体

①　绘制截面草图。单击"模型"选项卡"基准"区域中"草绘"按钮 🔲，系统弹出 "草绘"对话框，选择 TOP 基准平面作为草绘平面，系统自动选择 RIGHT 基准平面为参考 平面，方向为右，单击"草绘"按钮，绘制如图 3-1-41 所示截面草图。单击"确定"按 钮 ✔，保存截面并退出。

②　创建拉伸特征。单击"模型"选项卡"形状"区域的"拉伸"按钮 🔲，选取 图 3-1-41 所示截面草图，定义拉伸属性，输入深度值 22，单击"完成"按钮 ✔，完成底 板的创建，如图 3-1-42 所示。

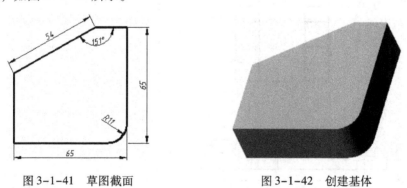

图 3-1-41　草图截面 　　　　　　　　　　图 3-1-42　创建基体

2. 抽壳特征

单击"模型"选项卡"工程"区域中的"抽壳"按钮 🔳，系统弹出"抽壳"特征操 控板，输入抽壳的壁厚值为 4，选取抽壳时要去除的实体表面，如图 3-1-43 所示，单击操 控板上"参考"按钮，在"非默认厚度"文本框中单击，系统提示"选择要指定厚度的曲 面"，单击该曲面，输入"非默认厚度"值 13，如图 3-1-44 所示，单击"预览"按钮 👓， 确认无误，单击"完成"按钮 ✔，完成零件的三维建模。

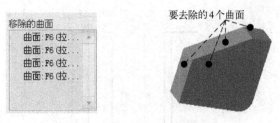

图 3-1-43 移除曲面选取

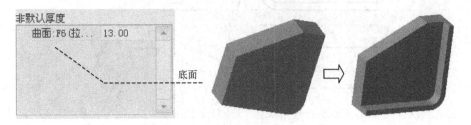

图 3-1-44 非默认厚度设置与选取

3.1.4 课后练习

完成图 3-1-45 所示零件的三维建模。

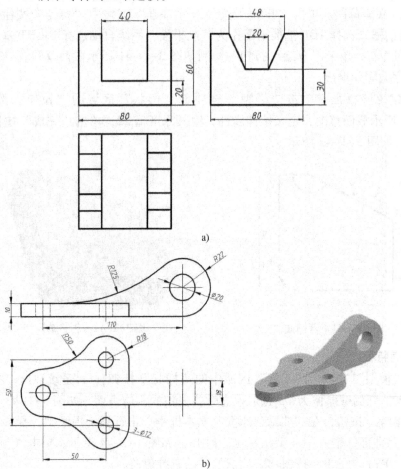

a)

b)

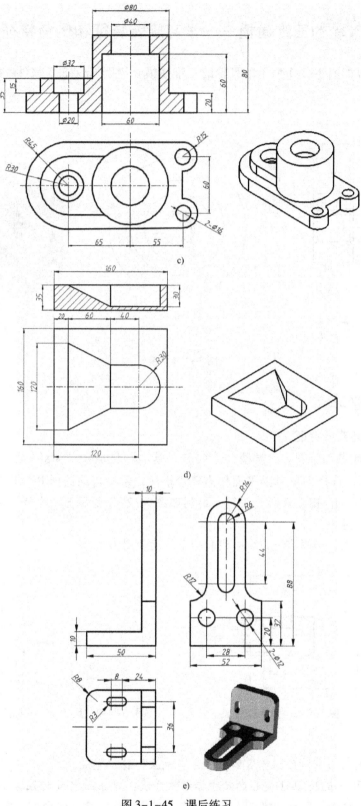

c)

d)

e)

图 3-1-45　课后练习

任务 3.2　带轮的三维建模——学习旋转特征和倒角特征

本任务将以如图3-2-1所示的带轮的三维建模，说明Creo 3.0软件中旋转特征与倒角特征的使用。

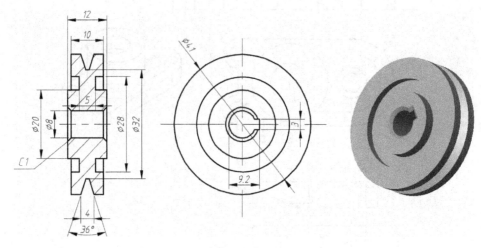

图3-2-1　带轮

3.2.1　任务学习

1. 创建带轮实体特征

① 绘制带轮截面草图。"模型"选项卡"基准"区域中"草绘"按钮 ◯，系统弹出"草绘"对话框，选择TOP基准平面作为草绘平面，系统自动选择RIGHT基准平面为参考平面，方向为右，单击"草绘"按钮，绘制如图3-2-2所示截面草图。单击"确定"按钮，保存截面并退出。

草图绘制要求：必须有一条中心线和一个封闭的图形。

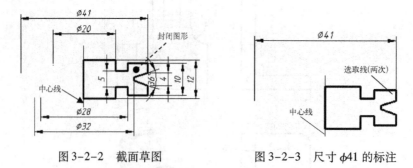

图3-2-2　截面草图　　　　　图3-2-3　尺寸 φ41 的标注

注意：

◇ 技巧：图形上下对称，可用草图中的"镜像"特征完成。

◇ φ20，φ28，φ32，φ41 直径的尺寸标注的方法：以 φ41 尺寸标注为例，单击"标注"按钮 🖼，单击选取线，然后选取中心线，再选取线，按鼠标中键，完成尺寸 φ41 的标注，如图 3-2-3 所示。

◇ 绘制的截面图形必须封闭，并且需要运用"中心线"命令绘制一条中心线。

② 创建旋转特征。单击"模型"选项卡"形状"区域的"旋转"按钮 ，选取图 3-2-2 所示截面草图，定义旋转属性，输入旋转角度 360，如图 3-2-4 所示单击"完成"按钮 ，完成带轮实体特征的创建，如图 3-2-5 所示。 **——旋转特征【1】**

图 3-2-4 "旋转"特征操控板

2. 创建孔与键槽

① 绘制孔与键槽的截面草图。单击"模型"选项卡"基准"区域中"草绘"按钮 ，系统弹出"草绘"对话框，选择实体顶面作为草绘平面，如图 3-2-6 所示，单击"草绘"按钮，绘制如图 3-2-7 所示截面草图。单击"确定"按钮 ，保存截面并退出。

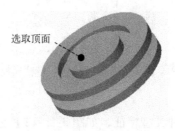

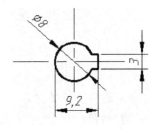

图 3-2-5 带轮实体特征 　　　图 3-2-6 选取草绘平面 　　　图 3-2-7 截面草图

② 创建拉伸特征。单击"模型"选项卡"形状"区域的"拉伸"按钮 ，选取图 3-2-7 所示截面草图，定义拉伸属性，输入拉伸深度值 12，按下"移除材料" 按钮，单击"预览"按钮 ，确认无误，单击"完成"按钮 ，完成孔与键槽的创建，如图 3-2-8 所示。

3. 创建倒角特征

单击"模型"选项卡"工程"区域的"倒角"按钮 倒角 的下拉箭头，单击其中的"边倒角"按钮 边倒角 。选取图 3-2-9 所示需要倒角的边线，系统默认倒角标注样式 $D \times D$，输入 D 值为 1，如图 3-2-10 所示，单击"预览"按钮 ，确认无误，单击"完成"按钮 ，完成带轮的三维建模。 **——倒角特征【2】**

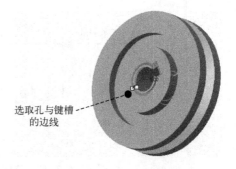

图 3-2-8 创建孔与键槽 　　　　　　图 3-2-9 选取倒角边

选取孔与键槽
的边线

图 3-2-10 "边倒角"特征操控板

3.2.2 任务注释

1. 旋转特征

旋转特征是指将截面绕着一条中心线旋转而形成的形状特征。

（1）输入命令

单击"模型"选项卡"形状"区域的"旋转"按钮 。

（2）特征操控板

图 3-2-11 为旋转特征的操控面板。

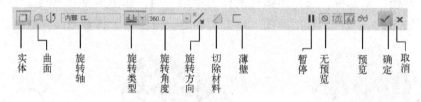

实体　曲面　旋转轴　旋转类型　旋转角度　旋转方向　切除材料　薄壁　暂停　无预览　预览　确定　取消

图 3-2-11 "旋转"特征操控板

1）旋转特征类型。

旋转特征可创建以下几种类型特征，如图 3-2-12 所示。

◆ "实体"类型：单击"旋转"特征操控板中的"实体"特征类型按钮 ，可以创建实体类型的特征。

◆ "曲面"类型：单击"旋转"特征操控板中的"曲面"特征类型按钮 ，可以创建曲面类型的特征。在 Creo 中，曲面是没有厚度和重量的片体几何。

◆ "薄壁"类型：单击"旋转"特征操控板中的"薄壁"特征类型按钮 ，可以创建薄壁类型的特征。

在由截面草图生成实体时，薄壁特征的截面草图由材料填充成均匀厚度的环，填充方向分为单侧填充和两侧对称填充。

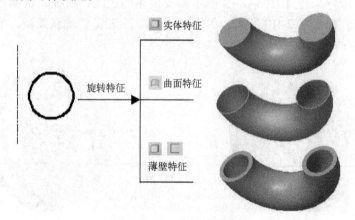

旋转特征　实体特征　曲面特征　薄壁特征

图 3-2-12 旋转特征类型

2）旋转切除类型。

旋转切除，是在现有的基础特征上，通过旋转方式切除材料，如图3-2-13所示。

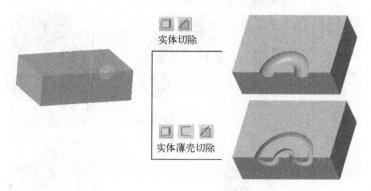

图 3-2-13　旋转切除类型

3）定义旋转角度属性。

在旋转角度 ⊥ 下拉菜单中，可以选取特征的旋转类型，各选项说明如下。

◆ ⊥（定值）：从草绘平面以指定旋转角度值旋转截面。

◆ ⊟（对称）：在草绘平面的两侧进行旋转，输入的旋转角度会被草绘平面平均分割，草绘平面两侧的旋转角度相等。

◆ ⊟（到选定的）：旋转到选定的点、线、平面或曲面。

（3）特征截面草图定义

在旋转特征操作过程中，必须定义旋转特征的旋转截面，在 Creo 3.0 中可以通过两种方式定义旋转截面。

◆ 利用"模型"选项卡"基准"区域中"草绘"按钮 ，绘制旋转截面；旋转操作时，直接选取该旋转截面。

◆ 在进行旋转特征操作时，单击旋转操控板中的"放置"按钮，然后单击下拉菜单中的"定义"按钮，绘制旋转截面，如图3-2-14所示。

图 3-2-14　"旋转"特征操控板

（4）注意事项

1）旋转截面。

旋转特征的旋转截面可以是封闭的，也可以是不封闭的，但必须说明：

◆ 作为零件设计的第一个非薄壁的实体特征，其旋转截面必须是封闭的；

◆ 当旋转薄壁类实体、曲面或在原有实体的基础上添加旋转实体特征时，旋转截面可以不封闭，如图 3-2-15 所示。

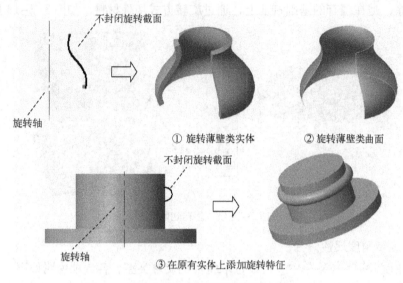

① 旋转薄壁类实体　　② 旋转薄壁类曲面

③ 在原有实体上添加旋转特征

图 3-2-15　旋转特征截面要求

2）旋转轴。

旋转特征中必须有旋转轴，旋转轴的确定方法有两种。

◆ 在草绘旋转截面时绘制中心线，作为旋转轴，在绘制多条中心线时，系统默认以第一条中心线作为旋转轴；若不采用系统默认指定的轴，可以选择需要指定的中心线，右击，在弹出的快捷菜单中选择"指定旋转轴"命令来指定，如图 3-2-16 所示。

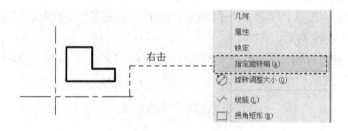

图 3-2-16　变更旋转轴的方法

◆ 如不在草绘中绘制旋转轴，可在操控板中指定基准轴或是实体的边线作为旋转轴，如图 3-2-17 所示。

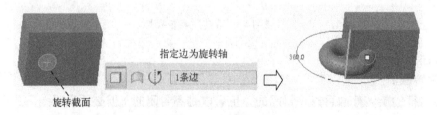

图 3-2-17　指定旋转轴

3）创建旋转特征的操作方法。

以图 3-2-18 圆锥体为例，说明旋转特征的创建方法。

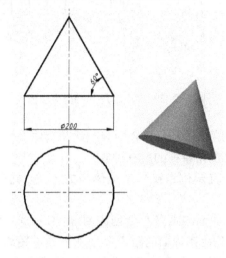

图 3-2-18　示例

① 草绘封闭截面和中心线。

② 单击"模型"选项卡"形状"区域的"旋转"按钮 ⚬⚬ 。

③ 定义旋转类型"实体"，确定旋转角度，默认"360"，单击"预览"按钮 ◠◠ ，确认无误，单击"完成"按钮 ✓ ，完成旋转特征的创建，如图 3-2-19 所示。

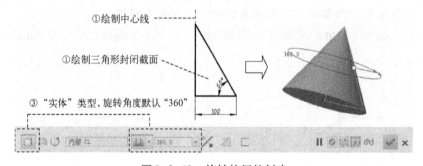

图 3-2-19　旋转特征的创建

2. 倒角特征

倒角特征是指一种构建特征，所谓构建特征就是不能单独生成，只能在其他特征上生成特征。在 Creo 3.0 中，倒角分为两种类型：一种是边倒角；另一种是拐角倒角。

（1）边倒角

边倒角是对模型中的边进行斜角切除处理。

1）输入命令。

单击"模型"选项卡"工程"区域"倒角"按钮 倒角 ▾ 的下拉箭头，单击其中的"边倒角"按钮 ◈ 边倒角 。

2）特征操控板。

图 3-2-20 为边倒角特征的操控面板。

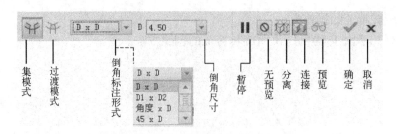

图 3-2-20 "边倒角"特征操控板

① 集模式：用于处理倒角集。Creo 3.0 中会默认此选项。

② 过渡模式：用于定义倒角特征的所有过渡。

③ 倒角标注形式：用于确定倒角操作生成倒角的方式。边倒角的类型包括如下方式，如图 3-2-21 所示。

◆ $D \times D$：在倒角边距离曲面的距离 D 处创建倒角。Creo 3.0 中会默认此选项。

◆ $D_1 \times D_2$：在一端倒角边距离曲面的距离 D_1，另一端的距离 D_2 处创建倒角。

◆ 角度 $\times D$：创建一个倒角，它距相邻曲面的选定边距离为 D，与该曲面的夹角为指定角度。

◆ $45 \times D$：创建一个倒角，它与两个曲面都成 45°，且与各曲面上的边的距离均为 D。

注意：此方案仅适用于使用 90°曲面和"相切距离"创建方法的倒角。

◆ $O \times O$：在沿各曲面上的边偏移 O 处创建倒角。仅当 $D \times D$ 不适用时，Creo3.0 才会默认此选项。

注意：仅当使用"偏移曲面"创建方法时，此方案才可用。

◆ $O_1 \times O_2$：在一个曲面距选定边的偏移距离 O_1，另一个曲面距选定边的偏移距离 O_2 处创建倒角。

注意：仅当使用"偏移曲面"创建方法时，此方案才可用。

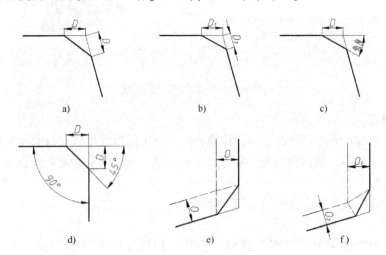

图 3-2-21 倒角标注形式

a) $D \times D$ b) $D_1 \times D_2$ c) 角度 $\times D$ d) $45 \times D$ e) $O \times O$ f) $O_1 \times O_2$

92

3）创建边倒角的操作方法。

以图3-2-22为例说明，边倒角的创建方法。

① 利用拉伸特征创建 $100 \times 100 \times 100$ 的立方体。

② 单击"模型"选项卡"工程"区域"倒角"按钮 ⟨⟩倒角· 的下拉箭头，单击其中的"边倒角"按钮 ⟨⟩边倒角 。

③ 在模型上选取要倒角的4条边线。

④ 系统弹出"边倒角"特征控制板，系统默认"$D \times D$"倒角形式，输入 D 为20。

⑤ 单击"预览"按钮 ⟨⟨ ，确认无误，单击"完成"按钮 ✓，完成边倒角的创建，如图3-2-23所示。

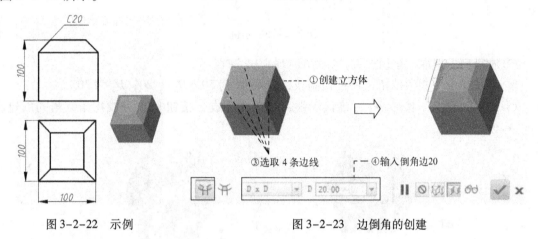

图3-2-22　示例　　　　　　　　　图3-2-23　边倒角的创建

（2）拐角倒角

拐角倒角可从零件的拐角处移除材料，产生斜面倒角。

1）输入命令。

单击"模型"选项卡"工程"区域"倒角"按钮 ⟨⟩倒角· 的下拉箭头，单击其中的"拐角倒角"按钮 ⟨⟩拐角倒角 。

2）特征操控板。

图3-2-24为拐角倒角特征的操控面板。

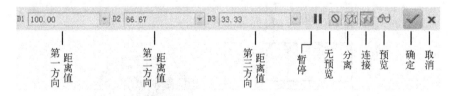

图3-2-24　"拐角倒角"特征操控板

3）创建拐角倒角的操作方法。

以图3-2-25为例，说明拐角倒角的创建方法。

① 利用拉伸特征创建 $100 \times 100 \times 100$ 的立方体。

② 单击"模型"选项卡"工程"区域"倒角"按钮 ⟨⟩倒角· 的下拉箭头，单击其中的"拐角倒角"按钮 ⟨⟩拐角倒角 。

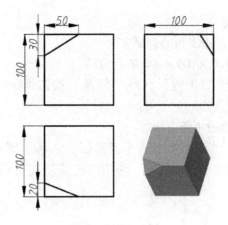

图 3-2-25　示例

③ 在模型上选取一个顶点 A。

④ 系统弹出"拐角倒角"特征控制板，输入 D_1 为 50，D_2 为 20，D_3 为 30。

⑤ 单击"预览"按钮 ⟆ ，确认无误，单击"完成"按钮 ✓ ，完成拐角倒角的创建，如图 3-2-26 所示。

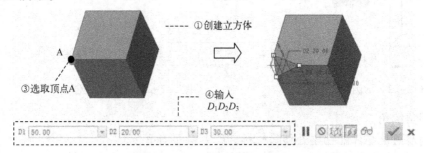

图 3-2-26　拐角倒角的创建

3.2.3　知识拓展

运用旋转特征完成图 3-2-27 螺母的三维建模。

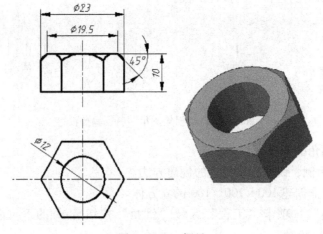

图 3-2-27　螺母

94

1. 创建六棱柱体

① 创建六边形截面草图。单击"模型"选项卡"基准"区域中"草绘"按钮 ，系统弹出"草绘"对话框，选择 TOP 基准平面作为草绘平面，单击"草绘"按钮。单击"选项板"按钮 ，系统弹出"草绘器调色板"对话框，如图 3-2-28 所示，在草绘器调色板中，鼠标左键双击"多边形"选项卡中的"六边形"，拖到图形窗口，按图 3-2-29 中 ϕ23 修改尺寸，完成六边形截面草图的绘制，单击"确定"按钮 ，保存截面并退出。

② 创建拉伸特征。单击"模型"选项卡"形状"区域的"拉伸"按钮 ，选取图 3-2-29 所示截面草图，定义拉伸属性，输入深度值 10，单击"预览"按钮 ，查看效果，确定无误，单击"完成"按钮 ，完成六棱柱的创建，如图 3-2-30 所示。

图 3-2-28 草图器调色板

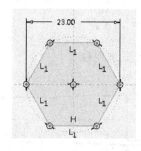

图 3-2-29 六边形截面草图

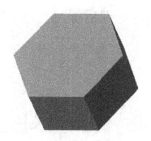

图 3-2-30 六棱柱效果图

2. 旋转切割实体

① 绘制旋转截面。单击"模型"选项卡"基准"区域中"草绘"按钮 ，系统弹出"草绘"对话框，选择 FRONT 基准平面作为草绘平面，单击"草绘"按钮。绘制如图 3-2-31 所示截面草图。单击"确定"按钮 ，保存截面并退出。

草图绘制要求：必须有一条中心线和一个封闭的图形。

② 旋转切割。单击"模型"选项卡"形状"区域的"旋转"按钮 ，选取图 3-2-31 所示截面草图，定义旋转属性，输入旋转角度 360，按下"移除材料"按钮 ，如图 3-2-32 所示，单击"完成"按钮 ，完成旋转实体的切割。

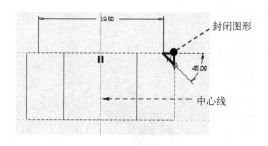

图 3-2-31 旋转截面草图

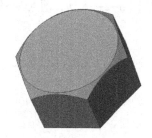

图 3-2-32 旋转实体切割效果图

3. 创建孔

① 绘制圆截面。单击"模型"选项卡"基准"区域中"草绘"按钮 ，选择 TOP 基准平面作为草绘平面，完成 ϕ12 圆截面的绘制。

② 创建拉伸特征。单击"模型"选项卡"形状"区域的"拉伸"按钮 ，选取 ϕ12

圆截面，定义拉伸属性，输入拉伸深度值 10，按下"移除材料" ◢ 按钮，单击"完成"按钮 ✓，完成螺母的三维建模，如图 3-2-33 所示。

图 3-2-33 螺母效果图

3.2.4 课后练习

1. 完成图 3-2-34 所示锥形轴的三维建模。

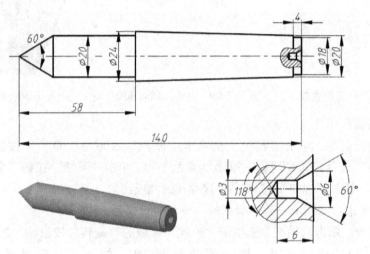

图 3-2-34 锥形轴

2. 完成图 3-2-35 所示异形轴的三维建模。

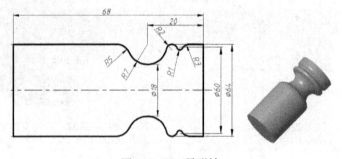

图 3-2-35 异形轴

3. 完成图 3-2-36 所示手柄的三维建模。

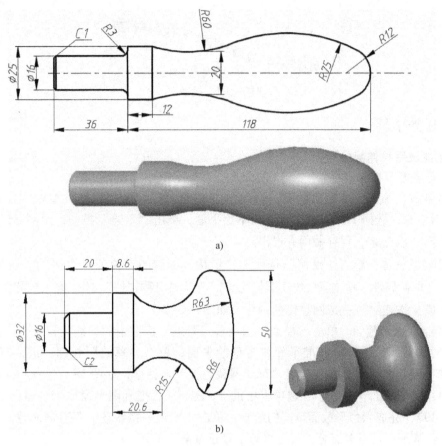

a)

b)

图 3-2-36 手柄

a）手柄模型一　b）手柄模型二

任务 3.3　扳手的三维建模——学习扫描特征、基准特征和倒圆角特征

本任务将以如图 3-3-1 所示的扳手的三维建模，说明 Creo 3.0 软件中扫描特征、基准特征与倒圆角特征的使用。

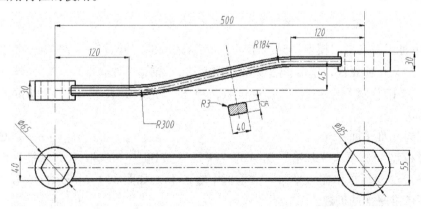

图 3-3-1　扳手

3.3.1　任务学习

1. 创建扳手拉伸部分

（1）创建扳手端部（一）

① 绘制圆形截面。单击"模型"选项卡"基准"区域中"草绘"按钮 ，系统弹出"草绘"对话框，选择 TOP 基准平面作为草绘平面，单击"草绘"按钮，绘制 $\phi65$ 截面圆。单击"确定"按钮 ，保存截面并退出。

② 创建圆柱体。单击"模型"选项卡"形状"区域的"拉伸"按钮 ，选取 $\phi65$ 截面圆，定义拉伸属性，单击 按钮下拉箭头，选择"对称拉伸" ，输入拉伸深度值 30，单击"完成"按钮 ，完成圆柱体的创建，如图 3-3-2 所示。

③ 绘制六边形截面。单击"模型"选项卡"基准"区域中"草绘"按钮 ，系统弹出"草绘"对话框，选择 TOP 基准平面作为草绘平面，单击"草绘"按钮，进入草绘界面。单击"选项板"按钮 ，系统弹出"草绘器调色板"对话框，如图 3-3-3 所示，在草图器调色板中，鼠标双击"多边形"选项卡中的"六边形"，拖到图形窗口，按图 3-3-4 修改尺寸为"40"，完成六边形截面草图的绘制，单击"确定"按钮 ，保存截面并退出。

注意：草绘六边形截面时，六边形的中心应与圆心重合。

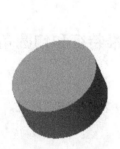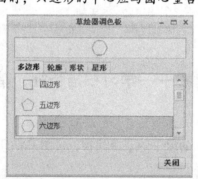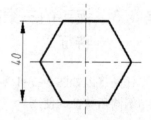

图 3-3-2　圆柱体　　　图 3-3-3　草图器调色板　　　图 3-3-4　六边形截面

④ 拉伸剪切。单击"模型"选项卡"形状"区域的"拉伸"按钮 ，选取图 3-3-4 所示截面，定义拉伸属性，单击 按钮下拉箭头，选择"对称拉伸" ，输入拉伸深度值 30，按下"移除材料"按钮 去除材料，单击"完成"按钮 ，完成拉伸剪切，如图 3-3-5 所示。

（2）创建基准平面　　　　　　　　　　　　　　　　　　　　**——基准特征【1】**

单击"模型"选项卡"基准"区域的"平面"按钮 ，选取 TOP 基准平面，系统弹出"基准平面"对话框，在"平移"文本框中输入 45，如图 3-3-6 所示，单击"确定"按钮，完成新基准平面的创建。

图 3-3-5　扳手端部
（一）效果图

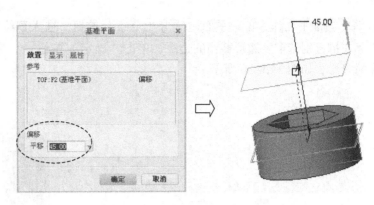

图 3-3-6　"基准平面"的创建

（3）创建扳手端部（二）

利用创建扳手端部（一）同样的方法，基于新建的基准平面绘制草图并拉伸，完成扳手端部（二）的创建。

2. 创建扳手手柄　　　　　　　　　　　　　　　　　　　　　　　**——扫描特征【2】**

（1）绘制扫描轨迹线

单击"模型"选项卡"基准"区域中"草绘"按钮 ，系统弹出"草绘"对话框，选择 FRONT 基准平面作为草绘平面，单击"草绘"按钮，进入草绘界面。绘制如图 3-3-7 所示截面草图。单击"确定"按钮 ，保存截面并退出。

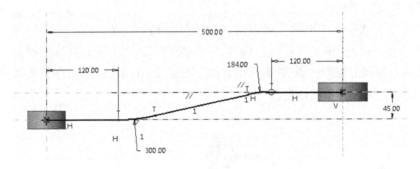

图 3-3-7　扫描轨迹线

（2）创建扫描特征

① 单击"模型"选项卡"形状"区域的"扫描"按钮 ，在"扫描"特征操控板中单击"创建或编辑扫描截面"按钮 ，系统会自动进入草绘环境，绘制截面草图。

注意：单击"草绘视图"按钮 ，定向草绘平面使其与屏幕平行。

② 截面草图绘制。系统自动创建了截面绘图参考线。以两条参考线的交点为对称中心，绘制矩形，绘制完成后，单击"确定"按钮 ，如图 3-3-8 所示。然后单击操控板中的"确定"按钮 ，完成扳手手柄的创建，如图 3-3-9 所示。

3. 修剪扳手端部（一）（二）

（1）投影六边形截面

单击"模型"选项卡"基准"区域中"草绘"按钮 ，系统弹出"草绘"对话框，选择 TOP 基准平面作为草绘平面，单击"草绘"按钮，进入草绘界面。单击"投影"按钮，鼠标左键分别选取六边形截面的边线，单击"确定"按钮 ✔，完成六边形截面在新草绘平面的投影，如图 3-3-10 所示。

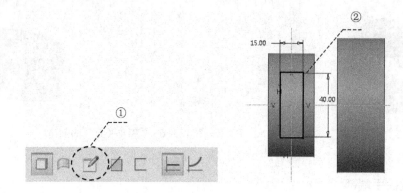

图 3-3-8　扫描截面创建

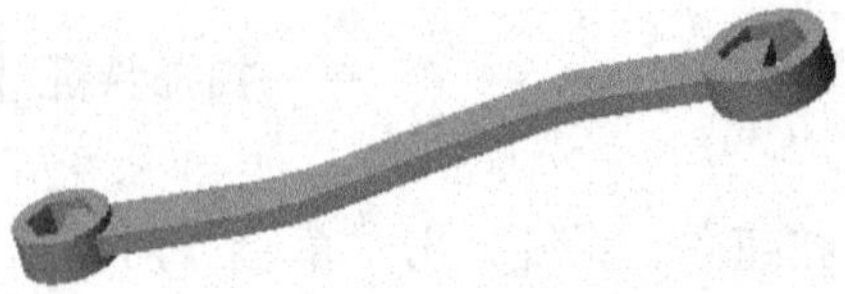

图 3-3-9　扳手手柄效果图 　　　　图 3-3-10　投影六边形截面

（2）拉伸修剪扳手端部

单击"模型"选项卡"形状"区域的"拉伸"按钮 ![img]，选取图 3-3-10 所示截面，定义拉伸属性，单击 ![img] 按钮下拉箭头，选择"对称拉伸" ![img]，按下"移除材料"按钮 ![img] 去除材料，鼠标左键调节控制拉伸深度的小方块，如图 3-3-11 所示，保证剪切贯通，单击"完成"按钮 ✔，完成扳手的修剪。

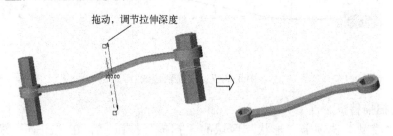

图 3-3-11　拉伸修剪扳手端部

思考： 本任务采用"先切割六角实体，后拉伸手柄"的创建思路。若采用"先拉伸手柄，后切割六角实体"，是否更简单？

4. 创建倒圆角特征　　　　　　　　　　　　　　　　**——倒圆角特征【3】**

单击"模型"选项卡"工程"区域的"倒圆角"按钮，在模型上选取要倒角的扳手手柄的 4 条边线，如图 3-3-12 所示，系统弹出"倒圆角"特征操控板，输入圆角半径为 3，单击"预览"按钮 ![img]，确认无误，单击"完成"按钮 ✔，完成圆角的创建。至此，完成扳手手柄的三维建模。

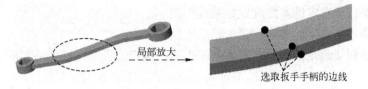

图 3-3-12　圆角的创建

3.3.2　任务注释

1. 基准特征

基准特征包括基准轴（参见任务 3.7）、基准平面、基准点、基准曲线、和基准坐标系。这些基准在零件的三维建模与虚拟装配中非常有用。

（1）基准面

基准平面也称为基准面，是基准中使用最频繁，最重要的基准特征，常用作草绘平面的参照平面。在三维建模中，常常需要根据模型的特征建立相应的基准平面作为设计参照。

基准平面有两侧：褐色面和灰色面。褐色面的一侧为基准面的法向侧。当装配元件、定向视图和草绘参照时，应注意基准平面的颜色。

基准平面有多种用途，主要包括：作为剖面的草绘平面、作为放置特征的平面、作为尺寸标注的参照、决定视角的方向参照。常用于创建剖视图以及装配的参照。

1）输入命令。

单击"模型"选项卡"基准"区域中的"平面"按钮◻。

2）特征操控板。

图 3-3-13 为基准面的操控面板。

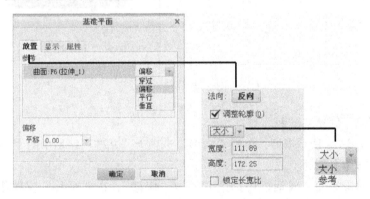

图 3-3-13　"基准平面"操控板

①"放置"选项卡。

"参考"收集器：主要用来收集选取的参照对象，允许通过参照现有平面、曲面、边、点、坐标系、轴、顶点等放置新的基准平面。要选取多个参照时，可在选取时按住〈Ctrl〉键。然后选取约束类型，约束类型有如下几种。

◇穿过：通过选定参照放置新的基准平面。

◇偏移：从选定的参照偏移一定的距离放置新的平面。

◇ 平行：平行于选定的参照放置新基准平面。

◇ 垂直：垂直于选定的参照放置新基准平面。

◇ 相切：相切于选定的参照放置新基准平面。当选定参照为圆弧曲面时，则会出现相切的约束。

② "显示"选项卡。

"反向"按钮：反向基准平面的法向方向。

"调整轮廓"复选框：调整基准平面轮廓的大小。选中该复选框，可使用菜单中的以下选项。

◇ 大小：允许调整基准平面的大小，或者将其轮廓显示尺寸调整到指定宽度和高度值。

◇ 参考：允许根据选定的参照（如零件、特征、边、轴或曲面）调整基准平面的大小。

③ "属性"选项卡。

在"属性"选项卡中，可以在"名称"文本框中重命名基准平面的名称。

3）常见基准平面的创建方法。

以图 3-3-14 为模型，分别说明常见基准平面的创建方法。

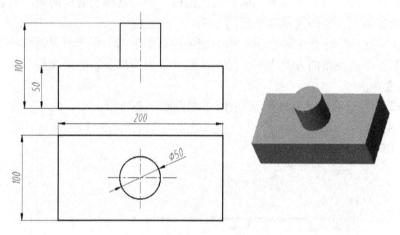

图 3-3-14　示例

① 通过面偏移创建基准面。

a. 创建图 3-3-14 所示模型，单击"模型"选项卡"基准"区域中的"平面"按钮▱。

b. 选取立方体上表面。

c. 确定"基准平面"对话框中约束方式为"偏移"，在"平移"文本框中输入平移值 60，然后按〈Enter〉键确认。

d. 单击"确定"按钮，完成基准平面的创建，如图 3-3-15 所示。

② 通过面相切创建基准面。

a. 创建图 3-3-14 所示模型，单击"模型"选项卡"基准"区域中的"平面"按钮▱。

b. 选取立方体左侧表面，按住〈Ctrl〉键，继续选取圆柱体表面。

c. 确定"基准平面"对话框中与左侧面相关的约束方式为"平行"，与圆柱面相关的约束方式为"相切"。

d. 单击"确定"按钮，完成基准平面的创建，如图 3-3-16 所示。

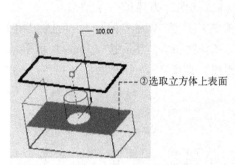
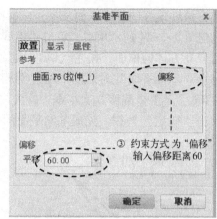

图 3-3-15　通过面偏移创建基准面示例

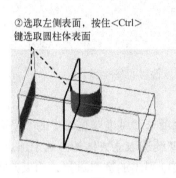
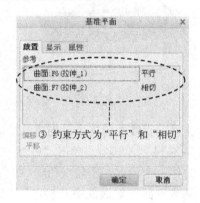

图 3-3-16　通过面偏移创建基准面示例

③ 通过两个平行的轴（边）创建基准面。

a. 创建图 3-3-14 所示模型，单击"模型"选项卡"基准"区域中的"平面"按钮▱。

b. 选取立方体的一条边，按住〈Ctrl〉键，继续选取立方体的另一条边。

c. 确定"基准平面"对话框中的约束方式为"穿过"。

d. 单击"确定"按钮，完成基准平面的创建，如图 3-3-17 所示。

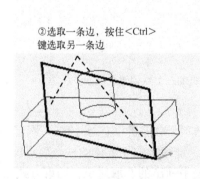
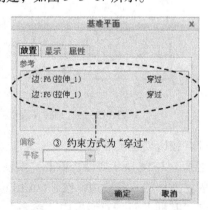

图 3-3-17　通过两个平行边创建基准面示例

④ 具有角度偏移的基准平面。

a. 创建图 3-3-14 所示模型，单击"模型"选项卡"基准"区域中的"平面"按钮▱。

b. 选取立方体的顶面，按住〈Ctrl〉键，继续选取立方体的一条棱边。

c. 确定"基准平面"对话框中与顶面相关的约束方式为"偏移"，与棱边相关的约束方式为"穿过"，在"偏移"文本框中输入旋转角度为 45，然后按〈Enter〉键确认。

d. 单击"确定"按钮，完成基准平面的创建，如图 3-3-18 所示。

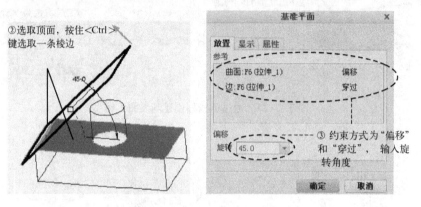

图 3-3-18　创建具有角度偏移的基准面

⑤ 通过不在同一直线上的三个点创建基准面。

a. 创建图 3-3-14 所示模型，单击"模型"选项卡"基准"区域中的"平面"按钮▱。

b. 选取立方体一个顶点，按住〈Ctrl〉键，继续选取立方体的另两个顶点。

c. 确定"基准平面"对话框中"参考"列表中列出的选取对象，约束方式为"穿过"。

d. 单击"确定"按钮，完成基准平面的创建，如图 3-3-19 所示。

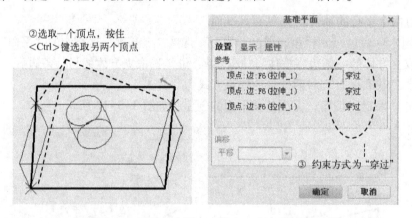

图 3-3-19　通过不在同一直线上三个点创建基准面

⑥ 通过点和边创建基准面。

a. 创建图 3-3-14 所示模型，单击"模型"选项卡"基准"区域中的"平面"按钮▱。

b. 选取立方体的一条棱边，按住〈Ctrl〉键，继续选取立方体的一个顶点。

c. 确定"基准平面"对话框中"参考"列表中列出的选取对象，约束方式为"穿过"。

d. 单击"确定"按钮，完成基准平面的创建，如图 3-3-20 所示。

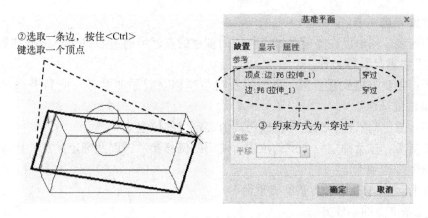

图 3-3-20　通过点和边创建基准面

（2）基准点

基准点主要用作辅助创建几何特征或基准特征，可作为计算与分析模型中的参考点，也可用作动力学分析或有限元分析的受力点计算。

基准点可以分为一般基准点、偏移坐标系基准点、域基准点（图 3-3-21）和草绘基准点。

图 3-3-21　基准点

1）输入命令。

单击"模型"选项卡"基准"区域中的"点"按钮。

2）特征操控板。

图 3-3-22 为基准点的操控面板。

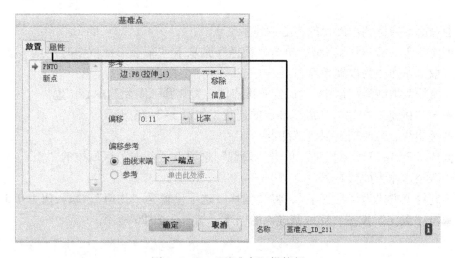

图 3-3-22　"基准点"操控板

①"放置"选项卡。

◇ 左侧列表：列出已在当前基准点特征内创建的点，可通过右键菜单进行"删除""重命名""重复"等操作。

◇ 参考：主要收集放置参考。可通过右键菜单移除或添加参考。向列表添加参考时按〈Ctrl〉键选取。

◇ 偏移：通过输入偏移的比率值或距离值确定点的位置。

◇ 偏移参考：显示确定一个点的位置所使用的偏移参考，以及确定此点的相应参数值。

②"属性"选项卡。

在"名称"文本框中可为基准点重命名。

3）常见基准点的创建方法。

以图 3-3-23 为模型，分别说明常见基准点的创建方法。

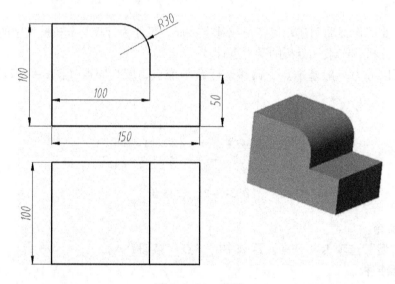

图 3-3-23　示例

① 通过圆形或椭圆形图元的中心创建基准点。

a. 创建图 3-3-23 所示模型，单击"模型"选项卡"基准"区域中的"点"按钮 ※※ 点。

b. 选取倒角边作为放置参考。

c. 修改约束类型为"居中"，确定基准点的位置在圆弧图元的中心位置。

d. 单击"确定"按钮，完成基准点的创建，如图 3-3-24 所示。

② 通过曲线、边或轴上创建基准点。

a. 创建图 3-3-23 所示模型，单击"模型"选项卡"基准"区域中的"点"按钮 ※※ 点。

b. 选取棱边作为放置参考。

c. 确定约束方式为"在其上"，将"偏移"选项设置为"比率"，输入值为 0.5。

d. 单击"确定"按钮，完成基准点的创建，如图 3-3-25 所示。

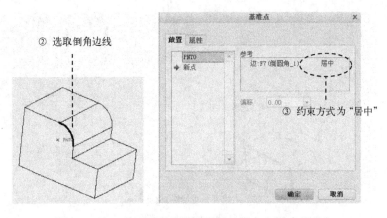

图 3-3-24　通过圆形或椭圆形图元的中心创建基准点

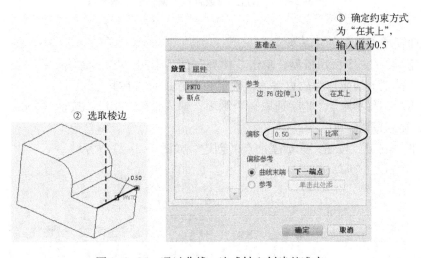

图 3-3-25　通过曲线、边或轴上创建基准点

说明：

◇ "比率"方式：指将曲线或边的长度按比率（百分比）的方式计算，对应参考点确定基准点所在位置。

◇ "实际值"方式：按距曲线或边的参考端点的距离，确定基准点在曲线上或边上的位置。

◇ "下一端点"按钮：允许选取曲线或边的其他端点作为参考。

③ 通过顶点或自顶点偏移创建基准点。

a. 创建图 3-3-23 所示模型，单击"模型"选项卡"基准"区域中的"点"按钮 点。

b. 选取顶点作为放置参考，修改约束方式为"偏移"。

说明：

◇ "在其上"方式：指与选取顶点重合，相当于在顶点上创建基准点。

◇ "偏移"方式：需要选取偏移参照，所创建的基准点沿着偏移参照的方向从选取顶点开始偏移。

c. 按住〈Ctrl〉键，继续选取右侧面，在"偏移"文本框中输入 30。

d. 单击"确定"按钮，完成基准点的创建，如图 3-3-26 所示。

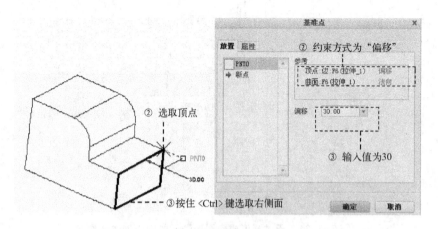

图 3-3-26　通过顶点或自顶点偏移创建基准点

④ 在曲面或面组上创建基准点

a. 创建图 3-3-23 所示模型，单击"模型"选项卡"基准"区域中的"点"按钮××点。

b. 选取模型上的面作为放置参考，确定约束方式为"在其上"。

c. 激活"偏移参考"，然后选取一个侧面，输入偏距"40"，按住〈Ctrl〉键，选取另一个侧面，输入偏距"50"。

d. 单击"确定"按钮，完成基准点的创建，如图 3-3-27 所示。

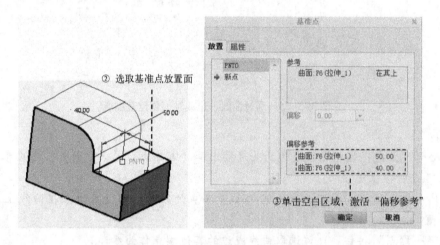

图 3-3-27　在曲面或面组上创建基准点

（3）基准曲线

基准曲线可用于建立曲面特征和实体特征的二维剖面、曲面的边界或作为扫描特征的轨迹线。基准曲线分为插入基准曲线和草绘基准曲线两种。

1）草绘基准曲线。

单击"模型"选项卡"基准"区域中"草绘"按钮～进入草绘环境，单击"创建样条曲线"按钮～样条。

以图 3-3-28 为例说明草绘基准曲线的创建方法。

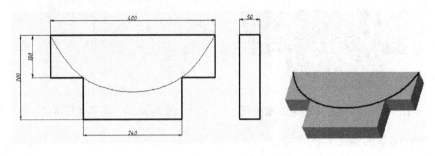

图 3-3-28　示例

① 创建图 3-3-28 的实体模型。

② 单击"模型"选项卡"基准"区域中"草绘"按钮，选取上表面作为草绘平面，进入草绘环境。

③ 单击"参考"按钮，创建参考线。（便于捕捉参考线上的交点）

④ 单击"创建样条曲线"按钮，分别选择 A、B、C、D 4 个交点，完成图 3-3-29 所示样条曲线的创建。

2）插入基准曲线。

单击"模型"选项卡"基准"区域中的"曲线"按钮，单击选择插入基准曲线的方式：通过点的曲线、来自方程的曲线、来自横截面的曲线，如图 3-3-30 所示。

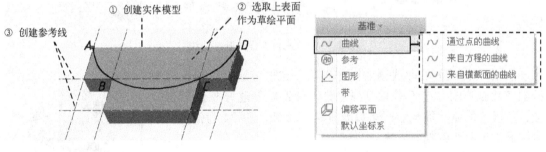

图 3-3-29　草绘基准曲线　　　　图 3-3-30　插入基准曲线的三种方式

3）常见基准曲线的创建方法。

① 通过点创建基准曲线的操作方法。仍以图 3-3-28 为例说明通过点创建基准曲线的操作方法。

a. 创建图 3-3-28 的实体模型。

b. 单击"模型"选项卡"基准"区域中的"曲线"按钮，单击"通过点的曲线"按钮。

c. 分别选择 A、B、C、D 4 个交点，完成图 3-3-31 所示样条曲线的创建。

② 来自方程的曲线创建操作方法。创建曲线时，需要输入数学方程，如齿轮渐开线的创建，叶片的创建等。以图 3-3-32 碟形弹簧为例说明来自方程的曲线的创建方法。

a. 单击"模型"选项卡"基准"区域中的"曲线"按钮，单击"来自方程的曲线"按钮。

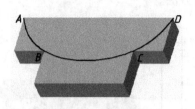

图 3-3-31 通过点创建基准曲线

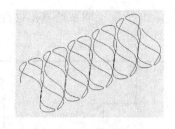

图 3-3-32 碟形弹簧曲线示例

b. 选择坐标系的类型为柱坐标。

c. 选取绘图区坐标系，确定参照坐标系。

d. 单击"方程"按钮，输入数学方程，完成曲线的创建，如图 3-3-33 所示。

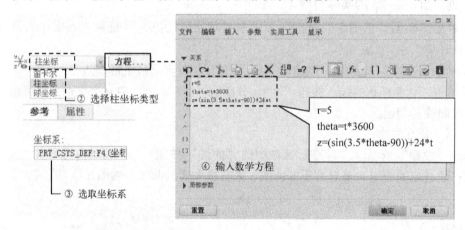

图 3-3-33 来自方程的基准曲线

③ 来自横截面的曲线创建操作方法。这种方法可以提取模型的剖切截面轮廓，进行横截面创建时，首先需创建好模型剖切截面，然后才能使用横截面创建基准曲线。以图 3-3-34 为例说明来自横截面的曲线的创建方法。

图 3-3-34 示例

a. 创建模型。

b. 单击"视图管理器"按钮，系统弹出"视图管理器"对话框，选择"截面"选项卡，创建新截面"A"。

c. 单击"模型"选项卡"基准"区域中的"曲线"按钮 ∼ 曲线，单击"来自横截面的曲线"按钮，横截面选取"A"，如图 3-3-35 所示，完成横截面基准曲线的创建。

（4）基准坐标系

基准坐标系的作用主要是辅助建模、装配、模型质量属性分析、有限元分析等。基准坐标系的类型有笛卡儿坐标系、圆柱坐标系和球坐标系。

1）输入命令。

单击"模型"选项卡"基准"区域中的"坐标系"按钮 ✗ 坐标系。

2）特征操控板。

图 3-3-36 为坐标系的操控面板。

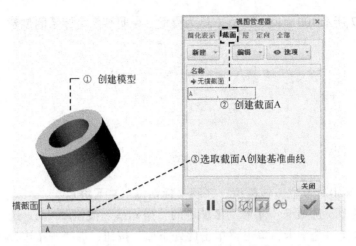

图 3-3-35　来自横截面的基准曲线

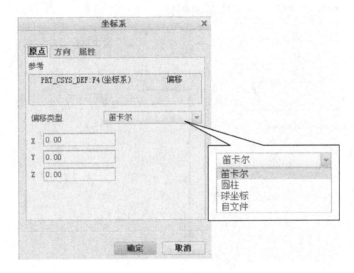

图 3-3-36　"坐标系"操控板

①"原点"选项卡。

"偏移类型"下拉列表：从下拉列表中选择创建坐标系偏移类型。

◇"笛卡尔"：通过输入 X、Y 和 Z 值偏移坐标系。

◇"圆柱"：通过设置半径 R、角度 θ 和 Z 值偏移坐标系。

◇"球坐标"：通过设置半径 R、角度 θ 和 ϕ 值偏移坐标系。

◇"自文件"：从转换文件导入坐标系位置。

②"方向"选项卡。

"参考选择"：通过选取坐标系中任意两个轴，确定新建坐标系 X、Y 和 Z 轴的方向。

"所选的坐标系轴"：新建坐标系的 X、Y 和 Z 轴的方向，可以绕选取坐标系的 X、Y 和 Z 轴进行角度选择。

③"属性"选项卡。通过该选项可以定义新建坐标系的名称。

3）基准坐标系的创建方法。

以图 3-3-37 所示 100 × 40 × 50 立方体为模型，说明基准坐标系的创建方法。

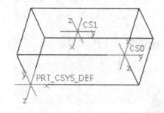

图 3-3-37　示例

① 创建 100 × 40 × 50 立方体模型（系统坐标系位于左下角）。

② 单击"模型"选项卡"基准"区域中的"坐标系"按钮 ，选取顶点 A。

③ 选择"方向"选项卡，单击"单击此处添加"按钮，选择一条边，将其定义为 X 方向。再单击"单击此处添加"按钮，选择另一条边，将其定义为 Y 方向；如图 3-3-38 所示，单击"确定"按钮完成第一个坐标系的创建。

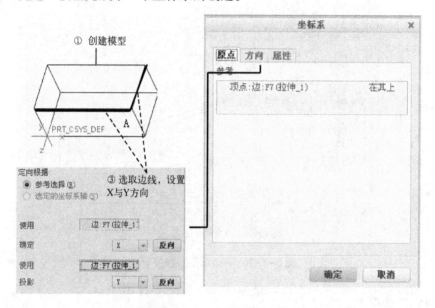

图 3-3-38　坐标系的创建

④ 单击"模型"选项卡"基准"区域中的"坐标系"按钮 ，选取上表面，选择类型为"线性"，单击"单击此处添加"按钮，按住〈Ctrl〉键，选择上表面的两条边线，修改偏移距离分别为"50"和"25"。

⑤ 选择"方向"选项卡，如图 3-3-39 所示设置 Z 方向与 X 方向，通过"反向"按钮调整，单击"确定"按钮完成第二个坐标系的创建。

2. 扫描特征

扫描特征是指将截面沿着给定的轨迹扫描所形成的三维特征。

（1）输入命令

单击"模型"选项卡"形状"区域的"扫描"按钮 。

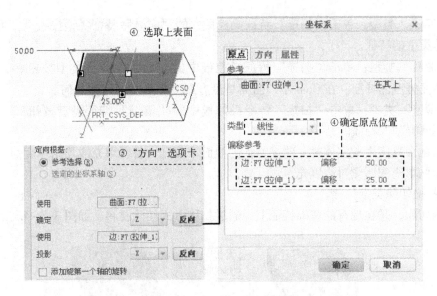

图 3-3-39 坐标系的创建

（2）特征操控板

图 3-3-40 为扫描特征的操控面板。

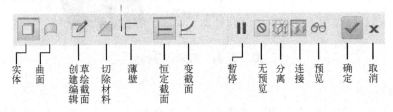

图 3-3-40 "扫描"特征操控板

1）扫描特征类型。

扫描特征可创建以下几种类型特征，如图 3-3-41 所示。

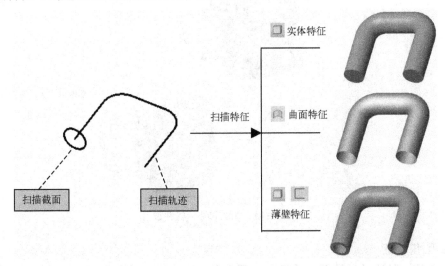

图 3-3-41 扫描特征类型

- ◆ "实体"类型：单击"扫描"特征操控板中的"实体"特征类型按钮 □ ，可以创建实体类型的特征。
- ◆ "曲面"类型：单击"扫描"特征操控板中的"曲面"特征类型按钮 █ ，可以创建曲面类型的特征。在 Creo 中，曲面是没有厚度和重量的片体几何。
- ◆ "薄壁"类型：单击"扫描"特征操控板中的"薄壁"特征类型按钮 □ ，可以创建薄壁类型的特征。

在由截面草图生成实体时，薄壁特征的截面草图则由材料填充成均匀厚度的环，填充方向分为单侧填充和两侧对称填充。

2）扫描切除类型。

扫描切除，是在现有的基础特征上，通过扫描方式切除材料，如图 3-3-42 所示。

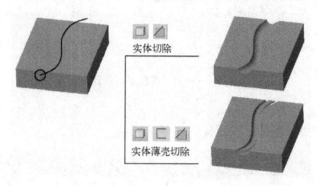

图 3-3-42　扫描切除类型

3）扫描特征属性。

"扫描"特征操控板中"选项"选项卡中有"合并端"复选框，可以将轨迹两端的几何与原零件合并，如图 3-3-43 所示。

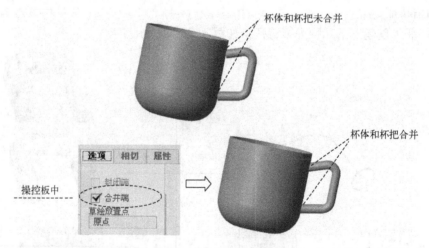

图 3-3-43　"合并端"属性设置

3. 倒圆角特征

倒圆角是一种边处理特征，通过向一条或多条边、边链或在曲面之间添加半径形成。

（1）输入命令

单击"模型"选项卡"工程"区域的"倒圆角"按钮 倒圆角。

（2）特征操控板

图3-3-44为边倒圆角特征的操控面板。

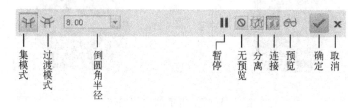

图3-3-44 "倒圆角"特征操控板

1）集模式。用于处理倒圆角集。Creo 3.0中会默认此选项。

2）过渡模式。用于Creo 3.0中定义倒圆角特征的所有过渡。

3）倒圆角的类型。在Creo 3.0中可以创建以下类型的倒圆角，如图3-3-45所示。

① 恒定圆角：圆角半径尺寸为常数。

② 可变圆角：在一参考边上圆角的尺寸值是变化的。

③ 完全倒圆角：完全倒圆角会替换选定的曲面。

④ 曲线驱动的倒圆角：通过曲线控制圆角的大小。

（3）倒圆角的创建方法

以边长为100的正方体为例，如图3-3-46所示，创建不同类型的圆角。

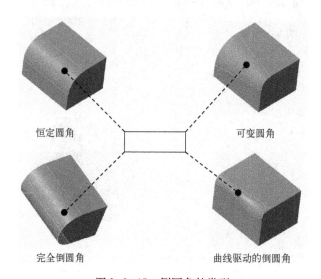

图3-3-45 倒圆角的类型

图3-3-46 正方体

1）恒定圆角创建方法。创建恒定圆角的步骤如下：

① 单击"模型"选项卡"工程"区域的"倒圆角"按钮 倒圆角。

② 在模型上选取要倒角的边线。

③ 系统弹出"倒圆角"特征控制板，输入圆角半径为20。

④ 单击"预览"按钮 ∞ ，确认无误，单击"完成"按钮 ✓ ，完成恒定圆角的创建，如图 3-3-47 所示。

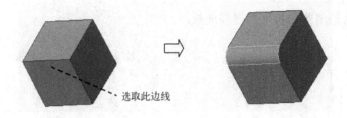

选取此边线

图 3-3-47　恒定圆角的创建

2）可变圆角创建方法。创建可变圆角的步骤如下：
① 单击"模型"选项卡"工程"区域的"倒圆角"按钮 倒圆角 。
② 在模型上选取要倒角的边线。
③ 系统弹出"倒圆角"特征控制板，输入圆角半径为 20。
④ 添加半径：单击"倒圆角"特征控制板中的"集"按钮，将鼠标移至上滑面板"半径"栏中，右击，在弹出的快捷菜单中选择"添加半径"命令，然后修改半径值为 40。
⑤ 单击"预览"按钮 ∞ ，确认无误，单击"完成"按钮 ✓ ，完成可变圆角的创建，如图 3-3-48 所示。

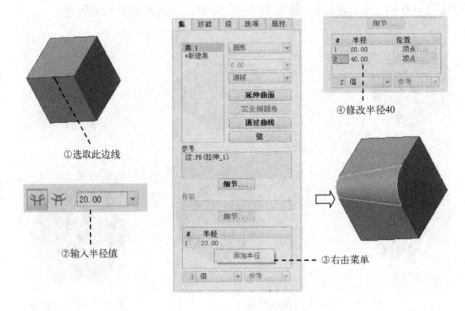

①选取此边线

②输入半径值

④修改半径40

③右击菜单

图 3-3-48　可变圆角的创建

3）完全倒圆角创建方法。创建完全倒圆角的步骤如下：
① 单击"模型"选项卡"工程"区域的"倒圆角"按钮 倒圆角 。

② 在模型上选取要倒角的一条边线，按住〈Ctrl〉键选取另一侧边线。

③ 单击"倒圆角"特征控制板中的"集"按钮，单击上滑面板中的"完全倒圆角"按钮。

④ 单击"预览"按钮 ⊙⊙ ，确认无误，单击"完成"按钮 ✓ ，完成完全倒圆角的创建，如图3-3-49所示。

图3-3-49　完全倒圆角的创建

4）曲线驱动倒圆角创建方法。创建曲线驱动倒圆角的步骤如下：

① 绘制曲线，单击"模型"选项卡"基准"区域中"草绘"按钮 ，进入草绘环境绘制曲线。

② 单击"模型"选项卡"工程"区域的"倒圆角"按钮 倒圆角。

③ 在模型上选取要倒角的边线。

④ 单击"倒圆角"特征控制板中的"集"按钮，单击上滑面板中的"通过曲线"按钮，选取绘制的草绘曲线。

⑤ 单击"完成"按钮 ✓ ，完成曲线驱动倒圆角的创建，如图3-3-50所示。

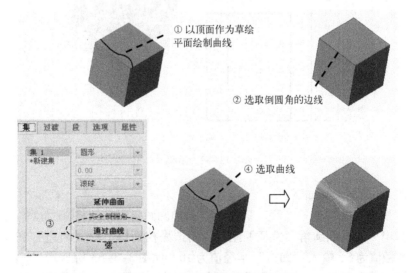

图3-3-50　曲线驱动倒圆角的创建

（4）其他说明

在 Creo 3.0 中，除了倒圆角以外，还有自动倒圆角功能。自动倒圆角功能可以实现几何、零件或组件的面组中的凸边和凹边倒圆角。但自动倒圆角功能最多只能有两个半径尺寸，凸边和凹边各有一个。

1）输入命令。

单击"模型"选项卡"工程"区域的"自动倒圆角"按钮 自动倒圆角 。

2）特征操控板。

图 3-3-51 为自动倒圆角特征的操控面板。

图 3-3-51 "自动倒圆角"特征操控板

3）自动倒圆角创建方法。以图 3-3-52 为例，说明自动倒圆角的创建方法。

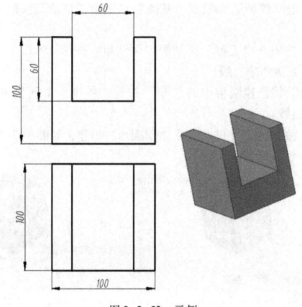

图 3-3-52 示例

创建自动倒圆角的步骤如下：

① 单击"模型"选项卡"工程"区域的"自动倒圆角"按钮 自动倒圆角 。

② 系统弹出"自动倒圆角"特征控制板，勾选操控面板上的"凸边"和"凹边"，输入"凸边"半径值为 5，输入"凹边"半径值为 10，如图 3-3-53 所示。

③ 单击"完成"按钮 ，完成自动倒圆角的创建，如图 3-3-54 所示。

<table>
<tr><td>☑ ⌐ 5.00 ▾</td><td>☑ ⌐ 10.00 ▾</td><td>‖ ⊘ 险 6d</td><td>✔ ✕</td></tr>
</table>

图 3-3-53 "自动倒圆角"特征操控板设置　　　图 3-3-54 "自动倒圆角"效果图

3.3.3　知识拓展

完成图 3-3-55 马克杯的三维建模。

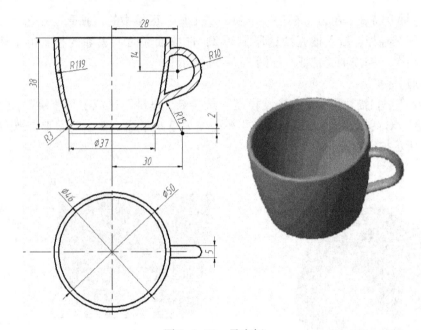

图 3-3-55　马克杯

（1）创建杯体

① 草绘杯体截面。单击"模型"选项卡"基准"区域中"草绘"按钮 ，系统弹出"草绘"对话框，选择 TOP 基准平面作为草绘平面，单击"草绘"按钮，绘制如图 3-3-56 所示草图截面。

② 创建旋转特征。单击"模型"选项卡"形状"区域的"旋转"按钮 ，选取图 3-3-56 所示截面草图，定义旋转属性，输入旋转角度 360，单击"完成"按钮 ，完成旋转特征的创建，如图 3-3-57 所示。

③ 倒圆角 R3。单击"模型"选项卡"工程"区域的"倒

图 3-3-56　杯体截面

圆角"按钮 ⚙倒圆角，在模型上选取要倒角的边线，系统弹出"倒圆角"特征操控板，输入圆角半径为 3，单击"完成"按钮 ✓，完成圆角的创建，如图 3-3-58 所示。

图 3-3-57　杯体旋转

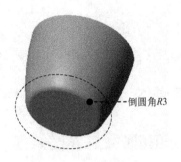

图 3-3-58　倒圆角 R3

④ 创建抽壳特征。单击"模型"选项卡"工程"区域中的"抽壳"按钮 🔲，系统弹出"抽壳"特征操控板，输入抽壳的壁厚值为 2，选取抽壳时要去除的杯子的上表面，单击"完成"按钮 ✓，完成抽壳特征，如图 3-3-59 所示。

（2）创建杯把

① 草绘杯把扫描轨迹线。单击"模型"选项卡"基准"区域中"草绘"按钮 📐，系统弹出"草绘"对话框，选择 RIGHT 基准平面作为草绘平面，单击"草绘"按钮，绘制如图 3-3-60 所示扫描轨迹线。

图 3-3-59　抽壳

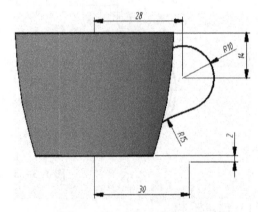

图 3-3-60　杯把扫描轨迹线

② 创建扫描特征。

◇ 单击"模型"选项卡"形状"区域的"扫描"按钮 🎗，在"扫描"特征操控板中单击"创建或编辑扫描截面"按钮 📝，系统会自动进入草绘环境，绘制截面草图。

注意：单击"草绘视图"按钮 🔲，定向草绘平面使其与屏幕平行。

◇ 截面草图绘制。系统自动创建了截面绘图参考线。以两条参考线的交点为对称中心，绘制椭圆形，绘制完成后，单击"确定"按钮 ✓，如图 3-3-61 所示。然后，单击操控板中的"确定"按钮 ✓，完成马克杯杯把的创建，如图 3-3-62 所示。

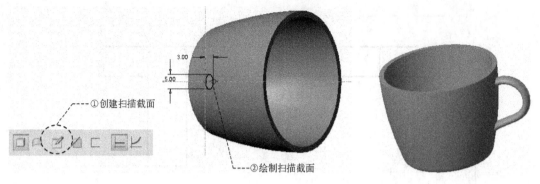

图 3-3-61　扫描截面创建　　　　　　　图 3-3-62　马克杯杯把效果图

（3）马克杯杯口修饰

单击"模型"选项卡"工程"区域的"倒圆角"按钮 倒圆角，在模型上选取要倒角的一条边线，按住〈Ctrl〉键选取另一侧边线，单击"倒圆角"特征控制板中的"集"按钮，单击上滑面板中的"完全倒圆角"按钮，单击"完成"按钮 ✓，完成完全倒圆角的创建，如图 3-3-63 所示，最终完成马克杯的三维建模。

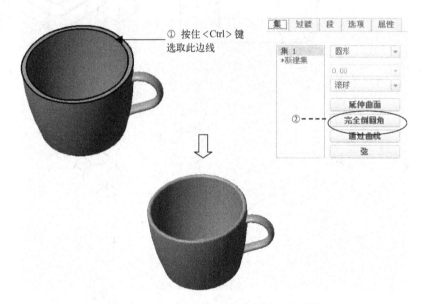

图 3-3-63　马克杯杯口完全倒圆角的创建

3.3.4　课后练习

1. 完成图 3-3-64 所示零件的三维建模。
2. 完成图 3-3-65 模型的三维建模。
3. 完成图 3-3-66 所示弯管的三维建模。

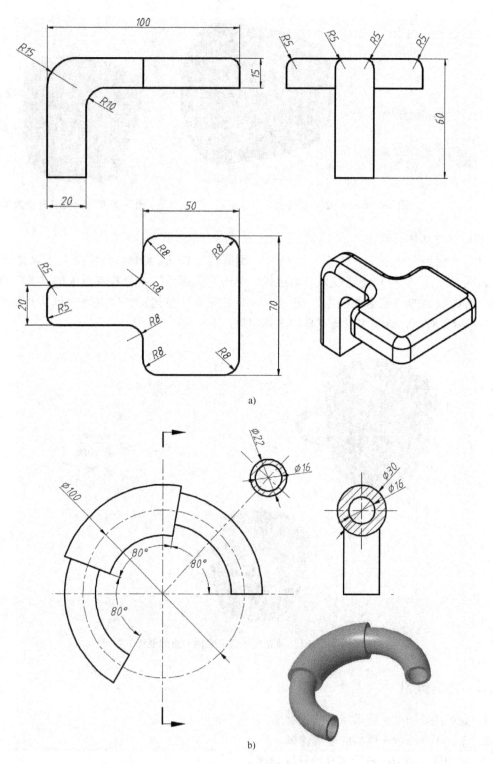

a)

b)

图 3-3-64　练习

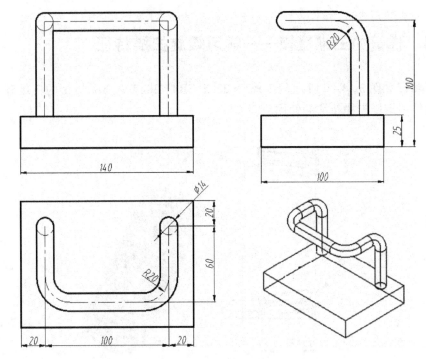

图 3-3-65　模型零件图

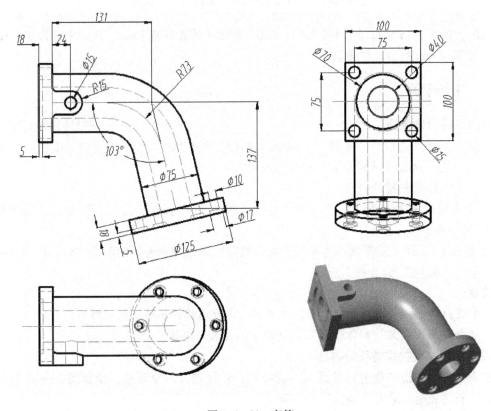

图 3-3-66　弯管

任务 3.4　弹簧的三维建模——学习螺旋扫描特征

本任务将以如图 3-4-1 所示的 1 ×7 ×22.5 GB/T 2087—2001 弹簧的三维建模，说明 Creo 3.0 软件中螺旋扫描特征的使用。

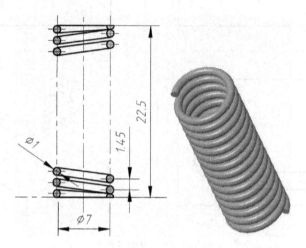

图 3-4-1　1 ×7 ×22.5 GB/T 2087—2001 弹簧

提示： 弹簧 1 ×7 ×22.5 GB/T 2087—2001 是指材料直径为 1 mm，弹簧中径为 7 mm，自由长度为 22.5 mm 的右旋弹簧。

3.4.1　任务学习

螺旋扫描创建弹簧　　　　　　　　　　　　　　　　　**——螺旋扫描特征【1】**

单击"模型"选项卡"形状"区域的"扫描"按钮 扫描 下拉箭头，单击"螺旋扫描"按钮，系统弹出"螺旋扫描"特征操控板。

（1）定义螺旋扫描轨迹

① 单击操控板中"参考"选项卡，在弹出的界面中单击"定义…"按钮，系统弹出"草图"对话框。

② 选取 FRONT 基准平面作为草绘平面，绘制螺旋扫描轨迹，绘制完成时，如图 3-4-2 所示，单击"确定"按钮 。

注意：

◇ 螺旋扫描中，必须绘制中心线，该中心线作为螺旋扫描特征的旋转轴线。

◇ 单击"草绘视图"按钮 ，定向草绘平面使其与屏幕平行。

（2）创建螺旋扫描特征的截面

在操控板上单击"创建扫描截面"按钮 ，系统进入草绘环境，绘制图 3-4-3 所示截面圆，绘制完成时，单击"确定"按钮 。

（3）定义螺旋螺距

在系统中输入螺距 1.45，选择"右旋"，如图 3-4-4 所示，单击"预览"按钮 ，确认无误，单击"完成"按钮 ✓，完成弹簧的创建，如图 3-4-5 所示。

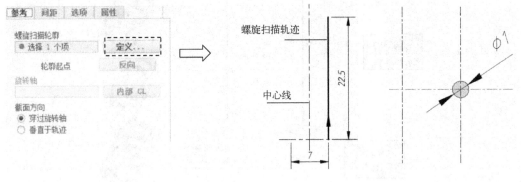

图 3-4-2　定义螺旋扫描轨迹　　　　　　图 3-4-3　创建截面

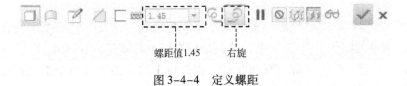

螺距值1.45　　　右旋

图 3-4-4　定义螺距

图 3-4-5　弹簧效果图

3.4.2　任务注释

螺旋扫描特征：将一个截面沿着螺旋轨迹线进行扫描，可形成螺旋扫描特征。

（1）输入命令

单击"模型"选项卡"形状"区域的"螺旋扫描"按钮 ᴍᴍ 　螺旋扫描 。

（2）特征操控板

图 3-4-6 为螺旋扫描特征的操控面板。

实体　曲面　草绘截面　创建编辑　切除材料　薄壁　螺距值　左旋　右旋　暂停　无预览　分离　连接　预览　确定　取消

图 3-4-6　"螺旋扫描"特征操控板

螺旋扫描特征可创建以下几种类型特征，如图 3-4-7 所示。

◇ "实体"类型：单击"螺旋扫描"特征操控板中的"实体"特征类型按钮 □，可以创建实体类型的特征。

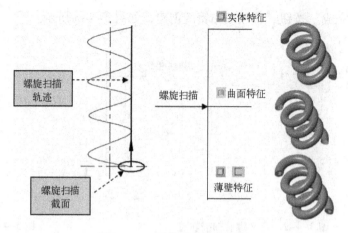

图 3-4-7 螺旋扫描特征类型

◇ "曲面"类型：单击"螺旋扫描"特征操控板中的"曲面"特征类型按钮 🔲，可以创建曲面类型的特征。在 Creo 中，曲面是没有厚度和重量的片体几何。

◇ "薄壁"类型：单击"螺旋扫描"特征操控板中的"薄壁"特征类型按钮 🔲，可以创建薄壁类型的特征。

在由截面草图生成实体时，薄壁特征的截面草图则由材料填充成均匀厚度的环，填充方向分为单侧填充和两侧对称填充。

3.4.3　知识拓展

完成图 3-4-8 轴的三维建模。

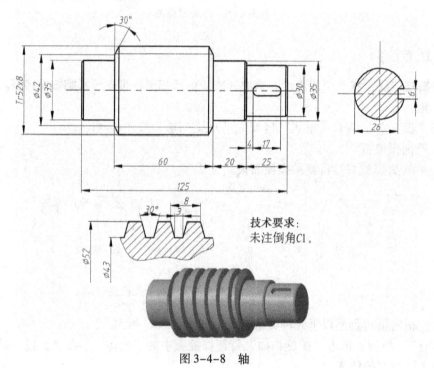

图 3-4-8　轴

(1) 创建轴

① 草绘轴旋转截面。单击"模型"选项卡"基准"区域中"草绘"按钮 ，系统弹出"草绘"对话框，选择 TOP 基准平面作为草绘平面，单击"草绘"按钮，绘制旋转截面，如图 3-4-9 所示。单击"确定"按钮 ，保存截面并退出。

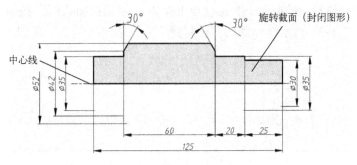

图 3-4-9　旋转截面

注意：

◇ φ52，φ42，φ35，φ30 直径的尺寸标注的方法：以 φ52 尺寸标注为例，单击"标注"按钮 ，单击选取线，然后选取中心线，再选取线，按鼠标中键，完成尺寸 φ52 的标注。

◇ 绘制的截面图形必须封闭，并且需要运用"中心线"命令绘制一条中心线。

② 旋转特征。单击"模型"选项卡"形状"区域的"旋转"按钮 ，选取图 3-4-9 所示截面草图，定义旋转属性，输入旋转角度 360，单击"完成"按钮 ，完成轴实体特征的创建，如图 3-4-10 所示。

(2) 创建梯形螺纹

单击"模型"选项卡"形状"区域的"扫描"

图 3-4-10　旋转特征

按钮 扫描 下拉箭头，单击"螺旋扫描"按钮，系统弹出"螺旋扫描"特征操控板。

① 定义螺旋扫描轨迹。

◇ 单击操控板中"参考"选项卡，在弹出的界面中单击"定义..."按钮，系统弹出"草图"对话框。

◇ 选取 TOP 基准平面作为草绘平面，绘制螺旋扫描轨迹，绘制完成时，如图 3-4-11 所示，单击"确定"按钮 。

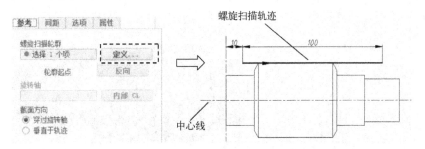

图 3-4-11　定义螺旋扫描轨迹

127

注意：

◇ 螺旋扫描中，必须绘制中心线，该中心线作为螺旋扫描特征的旋转轴线。

◇ 单击"草绘视图"按钮🔁，定向草绘平面使其与屏幕平行。

◇ 螺旋扫描轨迹线的长度要大于60 mm，长度可以自行定义，本案例中选取长度为100 mm。

② 创建螺旋扫描特征的截面。在操控板上单击"创建扫描截面"按钮☑，系统进入草绘环境，绘制图3-4-12所示梯形截面，绘制完成时，单击"确定"按钮✔。

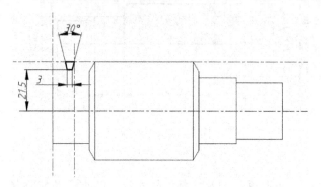

图3-4-12　创建截面

③ 定义螺旋螺距。在系统中输入螺距8，选择"右旋"，如图3-4-13所示，按下"移除材料"按钮☑去除材料，单击"预览"按钮👓，确认无误，单击"完成"按钮✔，完成梯形螺纹的创建，如图3-4-14所示。

图3-4-13　定义螺距　　　　　　　　　　图3-4-14　梯形螺纹效果图

（3）创建键槽

① 创建基准面。单击"模型"选项卡"基准"区域的"平面"按钮▱，选取TOP基准平面，系统弹出"基准平面"对话框，在"平移"文本框中输入15，如图3-4-15所示，单击"确定"按钮，完成新基准面的创建。

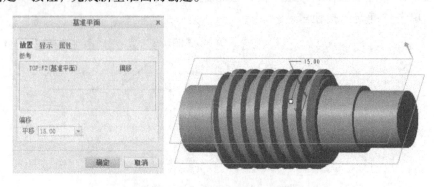

图3-4-15　"基准平面"的创建

② 草绘键槽形状截面。单击"模型"选项卡"基准"区域中的"草绘"按钮🖊，系统弹出"草绘"对话框，选择 DTM1 基准平面作为草绘平面，单击"草绘"按钮，绘制键槽截面，如图 3-4-16 所示，单击"确定"按钮✔，保存截面并退出。

③ 切键槽。单击"模型"选项卡"形状"区域的"拉伸"按钮🗗，选取键槽截面，定义拉伸属性，输入拉伸深度值 4，按下"移除材料"按钮◪去除材料，单击"完成"按钮✔，完成键槽的创建，如图 3-4-17 所示。

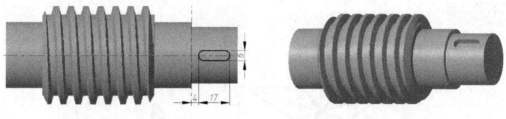

图 3-4-16 草绘键槽截面   图 3-4-17 切键槽

（4）倒角

单击"模型"选项卡"工程"区域"倒角"按钮⤵倒角▾的下拉箭头，单击其中的"边倒角"按钮。选取图 3-4-18 所示需要倒角的边线，系统默认倒角标注样式 D×D，输入 D 值为 1，单击"预览"按钮👓，确认无误，单击"完成"按钮✔，完成轴的三维建模。

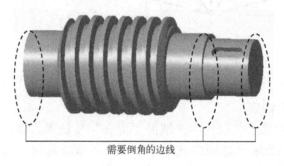

需要倒角的边线

图 3-4-18 倒角

3.4.4 课后练习

完成图 3-4-19 螺杆的三维建模。

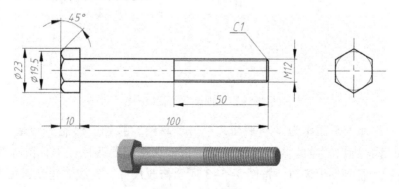

图 3-4-19 螺杆

提示：本题中，M12 普通公制螺纹，螺距为 1.75，绘制时，小径取 10.4（经查表，取值在范围 10.106～10.441 内）。

任务 3.5　五角星的三维建模——学习混合特征和镜像特征

本项目将以如图 3-5-1 所示的五角星的三维建模，说明 Creo 3.0 软件中混合特征与倒圆角特征的使用。

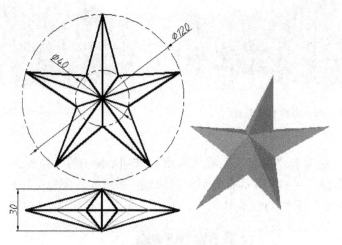

图 3-5-1　五角星

3.5.1　任务学习

1. 创建五角星混合特征　　　　　　　　　　　　　　　　　　　　**——混合特征【1】**

① 单击"模型"选项卡"形状"区域的"混合"按钮，单击"混合"特征操控板中"截面"按钮，在弹出的"截面"选项卡中选择"草绘截面"选项，单击"定义"按钮，创建混合特征的第一个截面，如图 3-5-2 所示。

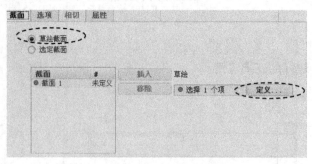

图 3-5-2　"混合"特征操控板

② 选择 TOP 基准平面作为草绘平面，单击"草绘"按钮，绘制五角星。单击"选项板"按钮，系统弹出"草绘器调色板"对话框，在草图器调色板中，鼠标双击"星形"中的"五角星"，拖到图形窗口，按图 3-5-3 所示修改尺寸，完成五角星截面草图的绘制，单击"确定"按钮，保存截面并退出。

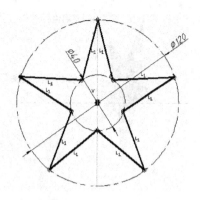

图 3-5-3　创建第一个截面

③ 创建第二个截面。单击"混合"特征操控板中"截面"按钮，在"截面"选项卡中定义"草绘平面位置定义方式"类型为"偏移尺寸"，偏移自"截面1"的偏移距离为15，单击"草绘"按钮，如图 3-5-4 所示。在草绘中，利用点命令绘制一个点，让该点位于五角星的中心。单击"确定"按钮 ✓ ，保存截面并退出。

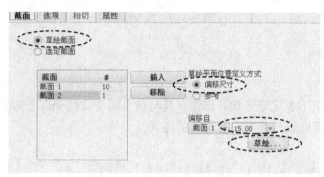

图 3-5-4　创建第二个截面

④ 在"混合"操控板中"选项"选项卡的"混合曲面"选项组中选中"直"选项，如图 3-5-5 所示。单击"完成"按钮 ✓ ，完成五角星混合特征的创建，如图 3-5-6 所示。

图 3-5-5　混合曲面设置

图 3-5-6　五角星混合特征

2. 创建对称特征　　　　　　　　　　　　　　　　　　　——镜像特征【2】

选择要镜像的五角星混合特征，单击"模型"选项卡"编辑"区域的"镜像"按钮 ⮾ ；选取镜像平面，单击"完成"按钮 ✓ ，完成镜像特征的创建，如图 3-5-7 所示。

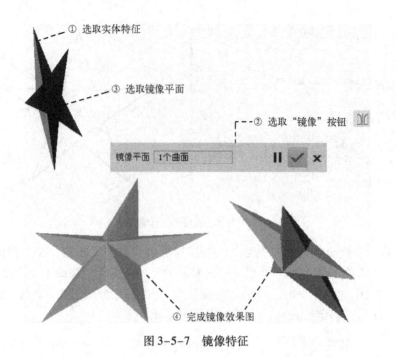

① 选取实体特征

③ 选取镜像平面

② 选取"镜像"按钮

镜像平面 | 1个曲面

④ 完成镜像效果图

图 3-5-7　镜像特征

3.5.2　任务注释

1. 混合特征

混合特征一般用于非规则形状的创建，其特征由两个或两个以上截面构成，系统会将这些截面的边缘用过渡曲线连接成一个连续的特征。

（1）输入命令

单击"模型"选项卡"形状"区域的"混合"按钮 。

（2）特征操控板

图 3-5-8 为混合特征的操控面板。

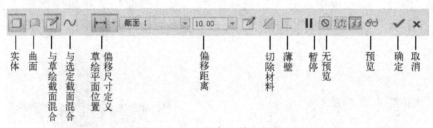

实体　曲面　与草绘截面混合　与选定截面混合　草绘截面位置　偏移尺寸定义　偏移距离　切除材料　薄壁　暂停　无预览　预览　确定　取消

图 3-5-8　"混合"特征操控板

（3）混合特征选项

在"混合"特征操控板中"选项"选项卡的"混合曲面"选项组中有两个选项，如图 3-5-9 所示。

◇ "直"选项：各混合截面之间采用直线连接。

◇ "平滑"选项：各混合截面之间采用光滑曲线连接过渡。

图 3-5-9　"混合"特征操控
板中"选项"选项卡

以图 3-5-10 为例说明。

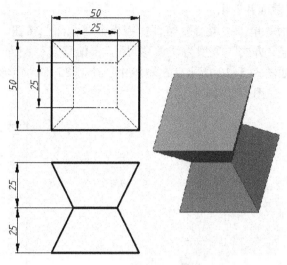

图 3-5-10　三维模型

①单击"模型"选项卡"形状"区域的"混合"按钮 ，单击"混合"操控板中"截面"按钮，在弹出的"截面"选项卡中选择"草绘截面"选项，单击"定义"按钮，创建混合特征的第一个截面，如图 3-5-11 所示。

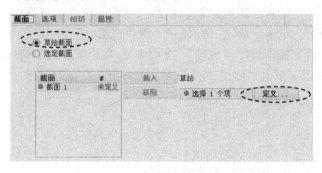

图 3-5-11　"混合"特征操控板

草绘技巧：首先分别绘制水平和竖直方向中心线，然后利用"矩形"命令，以两条中心线为对称线绘制矩形，系统可以自行捕捉图形对称，如图 3-5-12 所示。

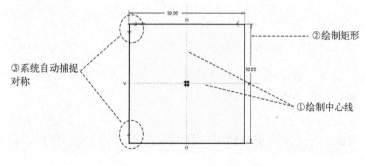

图 3-5-12　矩形绘制技巧

②选择 TOP 基准平面作为草绘平面，单击"草绘"按钮，绘制 50×50 矩形。单击"确定"按钮 ✓，保存截面并退出。

③创建第二个截面。单击"混合"特征操控板中"截面"按钮，在"截面"选项卡中定义"草绘平面位置定义方式"类型为"偏移尺寸"，偏移自"截面 1"的偏移距离为 25，单击"草绘"按钮，如图 3-5-13 所示。在草绘中，绘制 25×25 矩形，单击"确定"按钮 ✓，保存截面并退出，如图 3-5-14 所示。

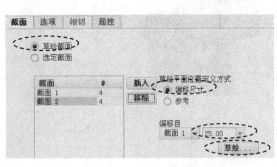

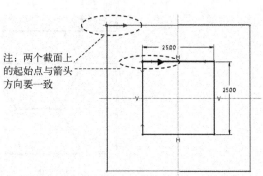

注：两个截面上的起始点与箭头方向要一致

图 3-5-13　创建第二个截面　　　　　图 3-5-14　第二个截面草图

④利用同样的方法，创建第三个截面。单击"混合"特征操控板中"截面"按钮，单击"插入"按钮，在"截面"选项卡中定义"草绘平面位置定义方式"类型为"偏移尺寸"，偏移自"截面 2"的偏移距离为 25，单击"草绘"按钮，如图 3-5-15 所示。在草绘中，绘制 50×50 矩形，单击"确定"按钮 ✓，保存截面并退出。

⑤在"混合"特征操控板中"选项"选项卡的"混合曲面"选项组中选择"直"选项，如图 3-5-16 所示。单击"完成"按钮 ✓，完成混合特征的创建，如图 3-5-17 所示。

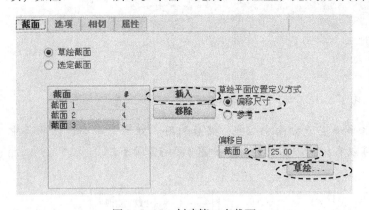

图 3-5-15　创建第三个截面　　　　　图 3-5-16　"选项"选项卡

注意：若在"混合"特征操控板中"选项"选项卡的"混合曲面"选项组中选择"平滑"选项，混合特征如图 3-5-18 所示。

（4）注意事项

混合特征是由多个混合截面混合而成，其关键在于混合截面的创建，创建混合截面时需要注意以下几点。

图 3-5-17 "直"选项效果   图 3-5-18 "平滑"选项效果

1）混合截面中图元的数量

每一个混合截面中图元的数量必须相同（点截面除外），即要求混合顶点数量相等。如图 3-5-19 所示，两个截面中混合顶点的数目都是 4 个；若混合截面是圆或椭圆，需要利用草绘中的"分割"命令 ↗ 将其分割。

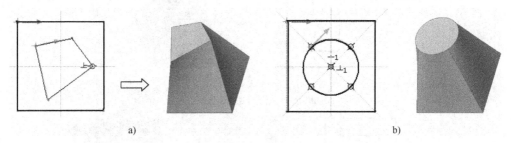

a)   b)

图 3-5-19 混合截面图元数目相等

a）图元数目相等的混合截面 b）通过分割使混合截面图元数目相等

2）混合顶点的应用

如图绘制的混合截面混合的顶点不相等，可以通过添加混合顶点的方式，让顶点数量保证相等。操作方法如下：选择要添加混合顶点的位置，然后右击，选择菜单中的"混合顶点"命令，如图 3-5-20 所示。

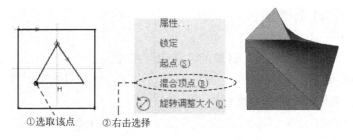

①选取该点   ②右击选择

图 3-5-20 混合顶点应用

3）点截面混合

创建混合特征时，点可以作为一个混合截面，截面中所有的混合顶点都会和点截面中的点进行混合，如本任务学习中五角星的三维建模，如图 3-5-21 所示。

4）混合截面的起始点

混合截面中带黄色箭头标识的点为该截面的混合起始点，截面间的混合就是通过起始点

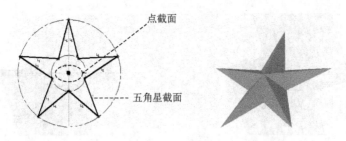

图 3-5-21　点截面混合

开始，将不同截面连接起来。若起始点的位置不同，则创建出的特征形状也不相同。混合截面起始点的位置是可以移动的。具体方法为：选择新的起始点位置，然后右击，选择菜单中的"起点"命令，如图 3-5-22 所示。

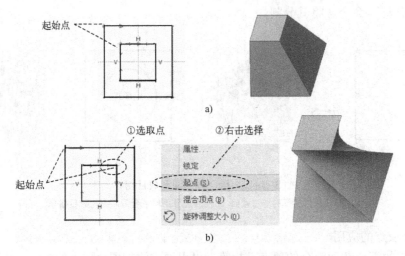

图 3-5-22　混合截面的起始点设置

a）起始点移动前　b）起始点移动后

2. 镜像特征

镜像特征用于创建对称特征。

（1）输入命令

单击"模型"选项卡"编辑"区域的"镜像"按钮🔲。

（2）特征操控板

图 3-5-23 为镜像特征的操控面板。

（3）操作方法

如图 3-5-24 所示，操作步骤如下：

① 选择要镜像的特征。

② 单击"模型"选项卡"编辑"区域的"镜像"按钮🔲。

③ 选取镜像平面（模型表面或基准平面）。

④ 单击"完成"按钮✔，完成镜像特征的创建。

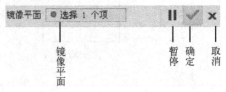

图 3-5-23　"镜像"特征操控板

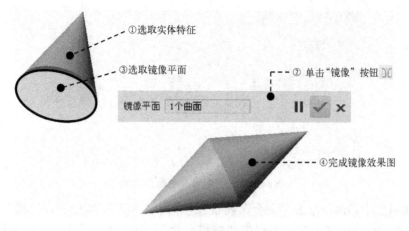

图 3-5-24　镜像特征操作方法

3.5.3　知识拓展

完成图 3-5-25 烟灰缸的三维建模

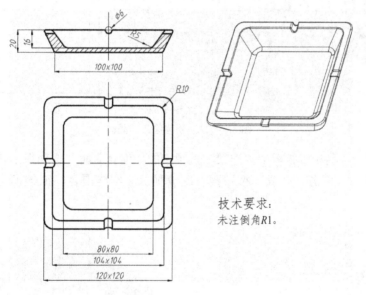

技术要求：
未注倒角R1。

图 3-5-25　烟灰缸

1. 创建烟灰缸实体混合特征

① 单击"模型"选项卡"形状"区域的"混合"按钮，单击"混合"操控板中"截面"按钮，在弹出的"截面"选项卡中选择"草绘截面"选项，单击"定义"按钮，创建混合特征的第一个截面，如图 3-5-26 所示。

② 选择 TOP 基准平面作为草绘平面，单击"草绘"按钮，绘制 120×120 矩形。单击"确定"按钮，保存截面并退出。

草绘技巧：首先分别绘制水平和竖直方向中心线，然后利用"矩形"命令，以两条中心线为对称线绘制矩形，系统可以自行捕捉图形对称。

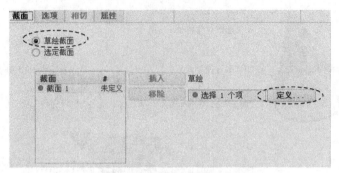

图 3-5-26 "混合"特征操控板

③ 创建第二个截面。单击"混合"特征操控板中"截面"按钮,在"截面"选项卡中定义"草绘平面位置定义方式"类型为"偏移尺寸",偏移自"截面1"的偏移距离为20,单击"草绘"按钮。在草绘中,绘制100×100矩形,单击"确定"按钮✔,保存截面并退出,如图3-5-27所示。

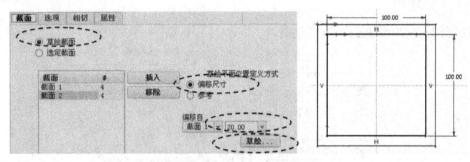

图 3-5-27 创建第二个截面

④ 在"混合"特征操控板中"选项"选项卡的"混合曲面"选项组中选择"直"选项,如图3-5-28所示。单击"完成"按钮✔,完成烟灰缸实体混合特征的创建,如图3-5-29所示。

图 3-5-28 混合曲面设置

图 3-5-29 烟灰缸实体混合特征

2. 烟灰缸实体混合剪切

① 单击"模型"选项卡"形状"区域的"混合"按钮 ✐,单击"混合"特征操控板中"截面"按钮,在弹出的"截面"选项卡中选择"草绘截面"选项,单击"定义"按钮,再次创建混合特征的第一个截面。

② 选择烟灰缸上表面作为草绘平面,如图3-5-30所示,单击"草绘"按钮,绘制104×104矩形。单击"确定"按钮✔,保存截面并退出。

③ 创建第二个截面。单击"混合"特征操控板中"截面"按钮，在"截面"选项卡中定义"草绘平面位置定义方式"类型为"偏移尺寸"，偏移自"截面1"的偏移距离为16，单击"草绘"按钮。在草绘中，绘制 80×80 矩形，单击"确定"按钮 ✓，保存截面并退出。

注意：在输入偏移自"截面1"的偏移距离为16时，观察偏移的方向，若偏移方向不正确，输入"−16"，偏移方向自动反向。

④ 在"混合"特征操控板中单击"移除材料"按钮 ✓ 去除材料，单击"完成"按钮 ✓，完成烟灰缸实体混合剪切，如图 3-5-31 所示。

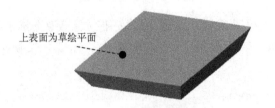

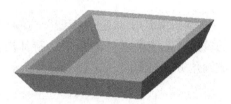

图 3-5-30　选择草绘平面　　　　　　　图 3-5-31　烟灰缸实体混合剪切

3. 创建烟灰缸凹槽

① 创建圆截面。单击"模型"选项卡"基准"区域中的"草绘"按钮，系统弹出"草绘"对话框，选择 FRONT 基准平面作为草绘平面，单击"草绘"按钮，绘制 Φ6 截面圆。单击"确定"按钮 ✓，保存截面并退出。

② 拉伸剪切。单击"模型"选项卡"形状"区域的"拉伸"按钮，选取 Φ6 截面圆，定义拉伸属性，单击 ✓ 按钮下拉箭头，选择"对称拉伸" ✓，输入拉伸深度值120，单击"移除材料"按钮 ✓ 去除材料，单击"完成"按钮 ✓，完成前后凹槽的创建，如图 3-5-32 所示。

③ 利用同样的方法，选取 RIGHT 基准平面作为草绘平面，绘制 Φ6 截面圆，利用"拉伸"按钮，完成左右凹槽的创建，如图 3-5-33 所示。

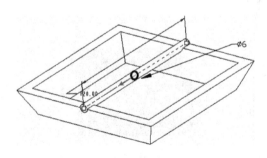

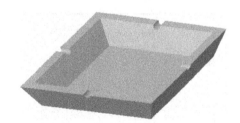

图 3-5-32　前后凹槽的创建　　　　　　图 3-5-33　左右凹槽的创建

4. 倒圆角

① 倒圆角 R10。单击"模型"选项卡"工程"区域"倒圆角"按钮，在模型上选取要倒角的边线，系统弹出"倒圆角"特征操控板，输入圆角半径为10，单击"完成"按钮 ✓，完成圆角 R10 的创建，如图 3-5-34 所示。

② 倒圆角 R5。单击"模型"选项卡"工程"区域的"倒圆角"按钮，在模型上选取

要倒角的边线，系统弹出"倒圆角"特征操控板，输入圆角半径为5，单击"完成"按钮
，完成圆角R5的创建，如图3-5-35所示。

图3-5-34　倒圆角R10　　　　　　　　图3-5-35　倒圆角R5

③倒圆角R1。单击"模型"选项卡"工程"区域"倒圆角"按钮，在模型上选取剩余的棱边，系统弹出"倒圆角"特征操控板，输入圆角半径为1，单击"完成"按钮，完成圆角R1的创建，如图3-5-36所示。

图3-5-36　烟灰缸效果图

3.5.4　课后练习

1. 完成图3-5-37所示保鲜盒的三维建模。

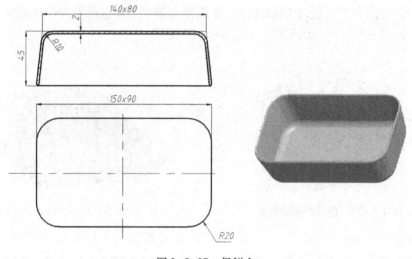

图3-5-37　保鲜盒

2. 完成图3-5-38所示零件的三维建模。

提示：结合扫描、混合和抽壳特征综合完成。

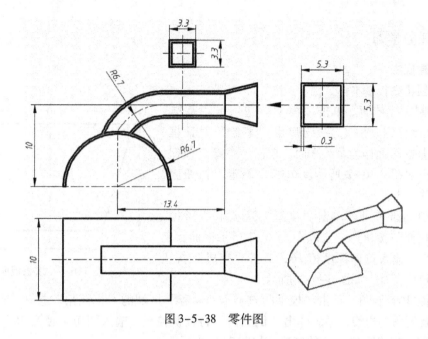

图 3-5-38　零件图

任务 3.6　叉架零件的三维建模——学习基准轴、孔特征和筋特征

本任务将以如图 3-6-1 所示的叉架零件的三维建模，说明 Creo 3.0 软件中基准轴线、孔特征与筋特征的使用。

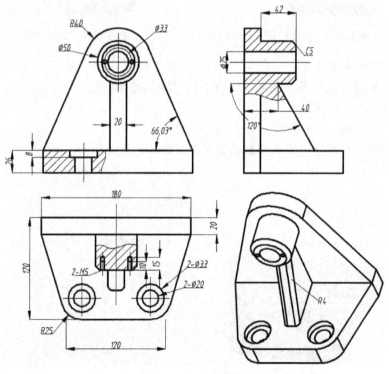

图 3-6-1　叉架零件

3.6.1 任务学习

1. 创建底板

（1）创建底板基本体

① 绘制底板截面。单击"模型"选项卡"基准"
区域中"草绘"按钮 ，系统弹出"草绘"对话框，
选择 TOP 基准平面作为草绘平面，单击"草绘"按钮，
绘制截面，如图 3-6-2 所示。单击"确定"按钮 ，
保存截面并退出。

② 创建拉伸特征。单击"模型"选项卡"形状"
区域的"拉伸"按钮 ，选取图 3-6-2 所示截面，定
义拉伸属性，输入拉伸深度值 26，单击"完成"按钮
，完成拉伸特征，如图 3-6-3 所示。

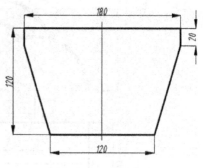

图 3-6-2　底板截面

③ 创建 R25 圆角。单击"模型"选项卡"工程"区域的"倒圆角"按钮 倒圆角，在模
型上选取要倒角的边线，系统弹出"倒圆角"特征操控板，输入圆角半径为 25，单击"完
成"按钮 ，完成圆角 R25 的创建，如图 3-6-4 所示。

图 3-6-3　拉伸底板

图 3-6-4　R25 圆角

（2）创建基准轴线 ────**基准轴【1】**

① 单击"模型"选项卡"基准"区域中的"轴"按钮 轴。
② 选取圆角的圆柱面。
③ 确定"基准轴"对话框中约束方式为"穿过"。
④ 单击"确定"按钮，完成基准轴的创建，如图 3-6-5 所示。

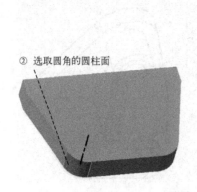

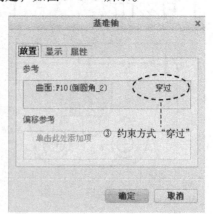

图 3-6-5　创建基准轴

（3）创建孔特征

① 单击"模型"选项卡"工程"区域中的"孔"按钮 创孔。

② 按住〈Ctrl〉键，选取上表面作为放置面，同时选取轴线；系统默认孔的定位类型为"同轴"。

③ 单击操控面板中"标准轮廓孔"按钮 和"沉头"按钮 ，定义孔的形状尺寸，包括孔的直径和深度，沉头部分的直径和深度；单击"预览"按钮 ，确认无误，单击"完成"按钮 ，完成孔特征的创建，如图3-6-6所示。

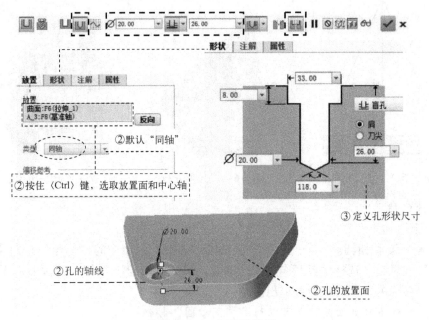

图3-6-6　创建孔特征

（4）镜像孔特征

选择要镜像的孔特征，单击"模型"选项卡"编辑"区域的"镜像"按钮 ；选取镜像平面，单击"完成"按钮 ，完成镜像特征的创建，如图3-6-7所示。

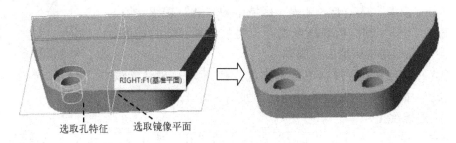

图3-6-7　镜像特征

2. 创建立板

① 绘制立板截面。单击"模型"选项卡"基准"区域中"草绘"按钮 ，系统弹出"草绘"对话框，选择FRONT基准平面作为草绘平面，单击"草绘"按钮，绘制截面，如图3-6-8所示。单击"确定"按钮 ，保存截面并退出。

② 创建拉伸特征。单击"模型"选项卡"形状"区域的"拉伸"按钮，选取图 3-6-8 所示截面，定义拉伸属性，输入拉伸深度值 20，单击"完成"按钮，完成拉伸特征，如图 3-6-9 所示。

③ 创建 R40 圆角。单击"模型"选项卡"工程"区域的"倒圆角"按钮，选取要倒角的边线，系统弹出"倒圆角"特征操控板，输入圆角半径为 40，单击"完成"按钮，完成圆角 R40 的创建，如图 3-6-10 所示。

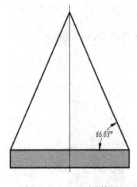  

图 3-6-8 立板截面　　　　图 3-6-9 拉伸立板　　　　图 3-6-10 R40 圆角

3. 创建凸台

（1）创建圆台

① 绘制 φ50 截面圆。单击"模型"选项卡"基准"区域中的"草绘"按钮，系统弹出"草绘"对话框，选择立板面作为草绘平面，单击"草绘"按钮，绘制 φ50 截面圆，单击"确定"按钮，保存截面并退出。

注意：绘制 φ50 截面圆时，可以利用"同心圆"按钮。

② 创建拉伸特征。单击"模型"选项卡"形状"区域的"拉伸"按钮，选取图 φ50 截面圆，定义拉伸属性，输入拉伸深度值 42，单击"完成"按钮，完成拉伸特征，如图 3-6-11 所示。

（2）创建直孔

① 单击"模型"选项卡"工程"区域中的"孔"按钮。

② 按住〈Ctrl〉键，选取凸台表面作为放置面，同时选取轴线。系统默认孔的定位类型为"同轴"。

③ 输入孔直径和孔深度，单击"预览"按钮，确认无误单击"完成"按钮，完成直孔的创建，如图 3-6-12 所示。

图 3-6-11 创建圆台

（3）创建螺纹孔

① 单击"模型"选项卡"工程"区域中的"孔"按钮，选取凸台表面作为放置平面。

② 选择孔的定位类型，系统默认"直径"。

③ 单击"偏移参考"选项，按住〈Ctrl〉键，选取中心轴和角度参考平面 RIGHT，输入直径值与角度值。

④ 单击操控面板中"螺纹孔"按钮，在螺钉尺寸中选取 M5×0.5，定义螺纹孔的深

度与钻孔深度，单击"预览"按钮 👓，确认无误，单击"完成"按钮 ✓，如图3-6-13所示。完成螺纹孔的创建，如图3-6-14所示。

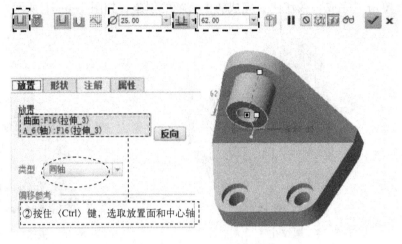

图 3-6-12　创建直孔

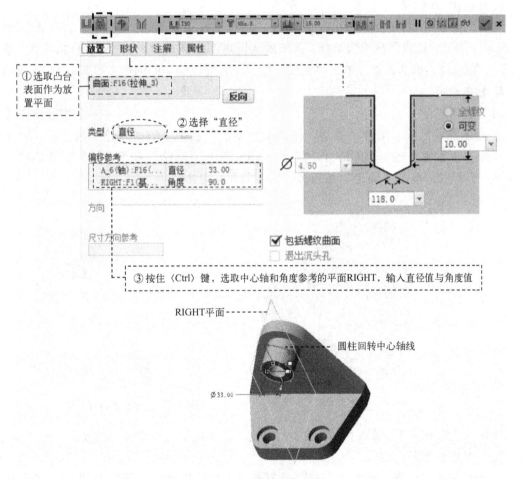

图 3-6-13　螺纹孔创建

（4）镜像螺纹孔

选择要镜像的螺纹孔特征，单击"模型"选项卡"编辑"区域的"镜像"按钮 ，选取镜像平面，单击"完成"按钮 ，完成镜像特征的创建，如图3-6-15所示。

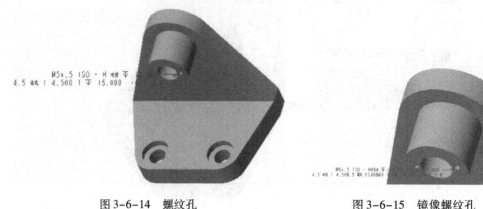

图3-6-14　螺纹孔　　　　　　　　　图3-6-15　镜像螺纹孔

（5）创建C5倒角

单击"模型"选项卡"工程"区域的"倒角"按钮 的下拉箭头，单击其中的"边倒角"按钮。选取凸台的边缘线，系统默认倒角标注样式D×D，输入D值为5，单击"预览"按钮 ，确认无误，单击"完成"按钮 ，完成倒角的创建，如图3-6-16所示。

4. 创建筋板

（1）创建筋板　　　　　　　　　　　　　　　　　**——轮廓筋特征【3】**

① 绘制筋轮廓线。单击"模型"选项卡"基准"区域中的"草绘"按钮 ，系统弹出"草绘"对话框，选择RIGHT作为草绘平面，单击"草绘"按钮，绘制筋轮廓线，如图3-6-17所示，单击"确定"按钮 ，保存截面并退出。

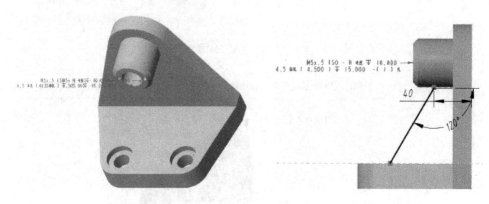

图3-6-16　创建倒角　　　　　　　　　图3-6-17　绘制筋轮廓线

注意：草绘中，筋轮廓线为一条线，不封闭，为了能捕捉到零件的边线，单击"参考"按钮 ，创建参考线。

② 创建轮廓筋特征。单击"模型"选项卡"工程"区域中"筋"按钮 的下拉箭头，单击其中的"轮廓筋"按钮，选取图3-6-17所示轮廓线，系统提示筋添加材料的方

向，单击指示箭头改变方向。在"轮廓筋"特征操控板中输入筋厚度20，单击"预览"按
钮，确认无误，单击"完成"按钮，完成轮廓筋特征的创建，如图3-6-18所示。

（2）创建R4圆角

单击"模型"选项卡"工程"区域的"倒圆角"按钮倒圆角，选取要倒角的筋板边线，
系统弹出"倒圆角"特征操控板，输入圆角半径为4，单击"完成"按钮，完成圆角R4
的创建。叉架零件的三维建模完成，如图3-6-19所示。

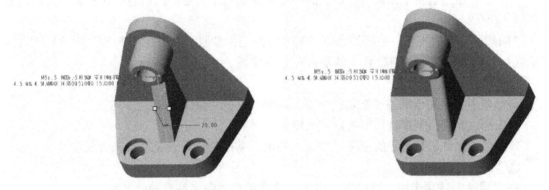

图3-6-18　创建肋板　　　　　　　　　　图3-6-19　创建R4圆角

3.6.2　任务注释

1. 基准轴

基准轴不同于特征轴，特征轴是在创建特征（如旋转特征、拉伸圆柱特征和孔特征等）
期间，系统自动产生的中心线，它不会在模型树中显示，属于特征的内部轴线。基准轴是单
独创建的特征，单独显示在模型树中，可以在右键菜单中对其重命名、删除、隐藏、编辑定
义等操作。

（1）输入命令

单击"模型"选项卡"基准"区域中"轴"按钮轴。

（2）特征操控板

图3-6-20为基准轴的操控面板。

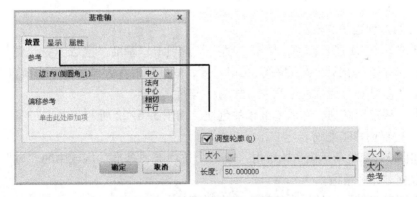

图3-6-20　"基准轴"操控板

①"放置"选项卡。

"参考"收集器：主要用来收集基准轴放置参照。要选取多个参照时，可在选取时按住〈Ctrl〉键，然后选取约束类型，约束类型如下几种：

◇ 穿过：基准轴通过选定参考。

◇ 法向：基准轴放置垂直于选定参考。

◇ 相切：基准轴放置与选定参照相切。

◇ 中心：通过选定平面圆边或曲线的中心，且垂直于选定曲线或边所在平面的方向放置基准轴。

"偏移参考"收集器：主要用来收集基准轴的定位参照，如果在"参考"收集器中选定"法向"作为参照类型，则激活"偏移参考"收集器。

②"显示"选项卡。

该选项卡主要用于调整基准轴的长度，调整长度的主要类型有：

◇ 大小：允许将基准轴调整指定值长度。

◇ 参考：允许根据选定的参考（如边、曲面、基准轴等）调整基准轴的长度。

③"属性"选项卡。

在"属性"选项卡中，可以在"名称"文本框中重命名基准轴的名称。

（3）常见基准轴的创建方法

以图3-6-21为模型，分别说明常见基准轴的创建方法。

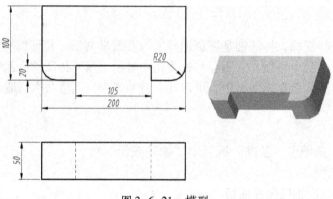

图 3-6-21　模型

1）通过两点创建基准轴。

① 创建图3-6-21所示模型，单击"模型"选项卡"基准"区域中的"轴"按钮/ 轴。

② 选取立方体一个顶点 A，按住〈Ctrl〉键，继续选取立方体的另一个顶点 B。

③ 确定"基准轴"对话框中约束方式为"穿过"。

④ 单击"确定"按钮，完成基准轴的创建，如图3-6-22所示。

2）通过边界创建基准轴。

① 创建图3-6-21所示模型，单击"模型"选项卡"基准"区域中的"轴"按钮/ 轴。

② 选取立方体一条边。

③ 确定"基准轴"对话框中约束方式为"穿过"。

④ 单击"确定"按钮，完成基准轴的创建，如图3-6-23示。

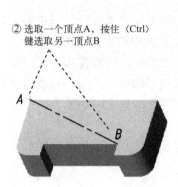

② 选取一个顶点A，按住〈Ctrl〉键选取另一顶点B

③ 约束方式为"穿过"

图 3-6-22　通过两点创建基准轴

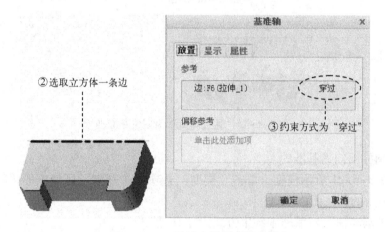

② 选取立方体一条边

③ 约束方式为"穿过"

图 3-6-23　通过边界创建基准轴

3）通过点与垂直平面创建基准轴。

① 创建图 3-6-21 所示模型，单击"模型"选项卡"基准"区域中的"轴"按钮 轴。

② 选取立方体的上表面，确定"基准轴"对话框中约束方式为"法向"。

③ 按住〈Ctrl〉键，继续选取立方体上点 C，确定"基准轴"对话框中约束方式为"穿过"。

④ 单击"确定"按钮，完成基准轴的创建，如图 3-6-24 所示。

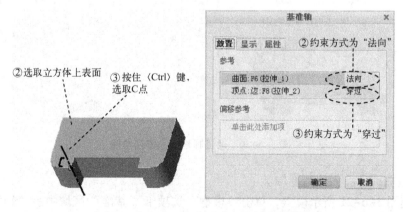

② 选取立方体上表面

③ 按住〈Ctrl〉键，选取C点

② 约束方式为"法向"

③ 约束方式为"穿过"

图 3-6-24　通过点与垂直平面创建基准轴

4）通过垂直平面创建基准轴。

① 创建图3-6-21所示模型，单击"模型"选项卡"基准"区域中的"轴"按钮/ 轴。

② 选取立方体的上表面，确定"基准轴"对话框中约束方式为"法向"。

③ 激活"基准轴"对话框中"偏移参考"收集器，选取模型上的一条边作为偏移参考，修改偏移距离为100，按住〈Ctrl〉键，选取模型的另一条边，修改偏移距离为50。

④ 单击"确定"按钮，完成基准轴的创建，如图3-6-25所示。

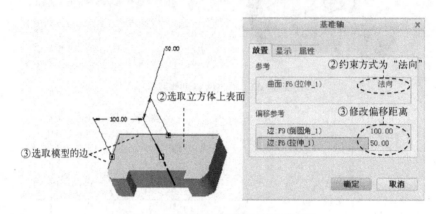

图3-6-25　通过垂直平面创建基准轴

5）通过圆柱面创建基准轴。

① 创建图3-6-21所示模型，单击"模型"选项卡"基准"区域中的"轴"按钮/ 轴。

② 选取圆角的圆柱面。

③ 确定"基准轴"对话框中约束方式为"穿过"。

④ 单击"确定"按钮，完成基准轴的创建，如图3-6-26示。

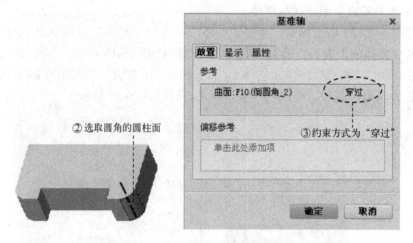

图3-6-26　通过圆柱面创建基准轴

6）通过曲线和点创建基准轴。

① 创建图3-6-21所示模型，单击"模型"选项卡"基准"区域中的"轴"按钮/ 轴。

② 选取倒角圆弧曲线，确定"基准轴"对话框中约束方式为"相切"。

③ 按住〈Ctrl〉键，继续选取圆弧的端点 D，确定"基准轴"对话框中约束方式为"穿过"。

④ 单击"确定"按钮，完成基准轴的创建，如图 3-6-27 所示。

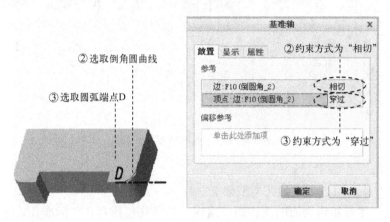

图 3-6-27　通过曲线和点创建基准轴

7）通过两相交平面创建基准轴。

① 创建图 3-6-21 所示模型，单击"模型"选项卡"基准"区域中的"轴"按钮 轴。

② 选取一个侧面，确定"基准轴"对话框中约束方式为"穿过"。

③ 按住〈Ctrl〉键，继续另一个侧面，确定"基准轴"对话框中约束方式为"穿过"。

④ 单击"确定"按钮，完成基准轴的创建，如图 3-6-28 所示。

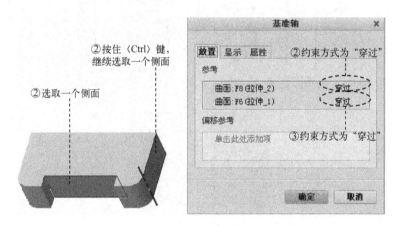

图 3-6-28　通过两相交平面创建基准轴

2. 孔特征

零件结构设计通常需要创建孔。在 Creo 3.0 中，可以创建两种类型的孔：简单孔和标准孔。

（1）输入命令

单击"模型"选项卡"工程"区域中的"孔"按钮 孔。

（2）特征操控板

图 3-6-29 为孔特征的操控面板。

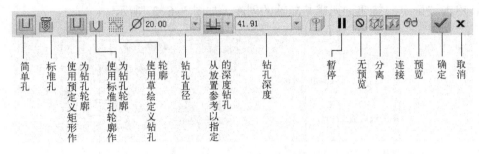

图 3-6-29　"孔"特征操控板

1）孔类型。

在 Creo 3.0 中，可以创建的孔类型如下。

① 简单孔：由带矩形剖面的旋转切口组成。简单孔包括直孔、标准孔轮廓和草绘孔。

◇ 直孔：截面为圆形的直孔，类似拉伸切除特征，如图 3-6-30a 所示。

◇ 标准孔轮廓：可以为创建的孔指定沉头孔和沉孔，如图 3-6-30b 所示。

◇ 草绘孔：对于一些形状复杂的孔，如锥孔，可通过定义草绘截面决定孔的形状。

② 标准孔：符合工业标准的螺纹孔，有英制螺纹孔、公制螺纹孔和锥螺纹孔，如图 3-6-30c 所示。

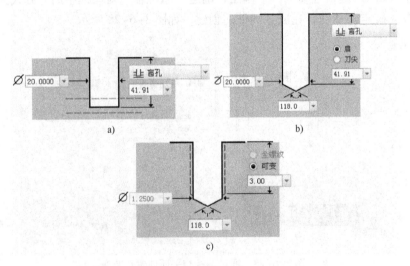

图 3-6-30　孔类型

a）直孔　b）标准孔轮廓　c）标准孔

2）孔深度类型。

深度选项列表 中包括以下孔深度选项：

◇ 盲孔：从放置参考钻孔到指定深度。

◇ 对称：放置参照两侧的每一方向上，以指定深度的 1/2 进行钻孔。

◇ 到下一个：钻孔直至下一曲面。

◇ 穿透:钻孔直到与所有的曲面相交,所创建的孔为通孔。

◇ 穿至:孔的深度直到与选定曲面相交。

◇ 直到选定:孔的深度至选定点、曲面、平面或曲面。

（3）孔的放置类型

在"孔"特征操控板中,"放置"选项卡用于确定孔的位置的参照,如图3-6-31所示,主要包括以下内容:

1）反向:改变孔的放置方向。

2）类型:孔的定位方式,包括线性、径向、直径和同轴。

① 线性:使用两个线性尺寸在曲面上放置孔。如选此放置类型,必须选择参考边（平面）并输入距参考边（平面）的距离,如图3-6-32所示。

图 3-6-31 孔的"放置"
选项卡设置

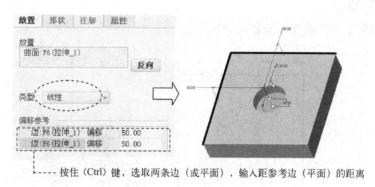

图 3-6-32 "线性"设置

② 径向:使用一个线性尺寸和一个角度尺寸放置孔。一般使用圆柱体或圆锥实体曲面为主放置参照时,可以用此类型。如选此放置类型,必须选择中心轴和角度参考的平面,如图3-6-33所示。

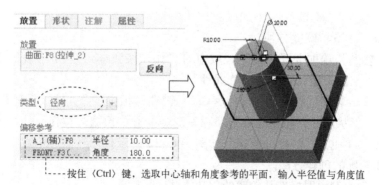

图 3-6-33 "径向"设置

③ 直径:使用一个线性尺寸和一个角度尺寸放置孔。如选此放置类型,必须选择中心轴和角度参考的平面,与"径向"设置类似。

④ 同轴：孔的放置位置与所选参照轴同轴，如选此放置类型，必须选择参考的中心轴，如图 3-6-34 所示。

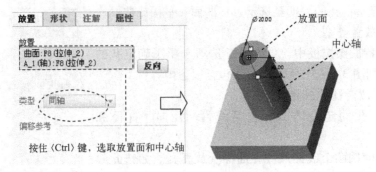

图 3-6-34 "同轴"设置

（4）孔的创建方法

1）直孔的创建方法。

以图 3-6-35 为例说明直孔的创建方法。

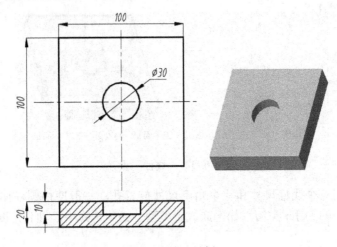

图 3-6-35 示例

① 创建 $100 \times 100 \times 20$ 立方块。

② 单击"模型"选项卡"工程"区域中的"孔"按钮 孔，选取上表面作为放置平面。

③ 选择孔的定位类型，系统默认"线性"。

④ 激活"偏移参考"收集器，按住〈Ctrl〉键选择相应参照并输入偏移距离。

⑤ 定义孔的形状尺寸，包括孔的直径和深度。单击"预览"按钮 ，确认无误，单击"完成"按钮 ，完成直孔特征的创建，如图 3-6-36 所示。

2）标准孔轮廓的创建方法。

以图 3-6-37 为例说明标准孔轮廓的创建方法。

① 创建 $100 \times 100 \times 100$ 立方块。

② 单击"模型"选项卡"工程"区域中的"孔"按钮 孔，选取上表面作为放置平面。

③ 选择孔的定位类型，系统默认"线性"。

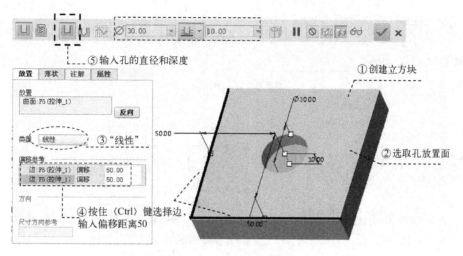

⑤ 输入孔的直径和深度

① 创建立方块

② 选取孔放置面

放置　形状　注解　属性

放置
曲面:F5(拉伸_1)
　　　　　　　　　反向

类型　线性　　　③"线性"

偏移参考
边:F5(拉伸_1)　偏移　50.00
边:F5(拉伸_1)　偏移　50.00

方向

尺寸方向参考

④ 按住〈Ctrl〉键选择边，
输入偏移距离50

图 3-6-36　直孔的创建

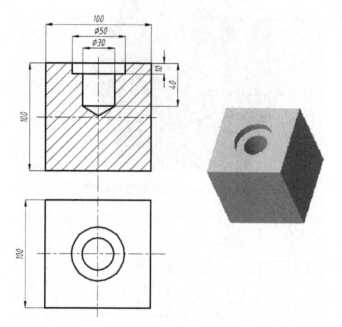

图 3-6-37　示例

④ 激活"偏移参考"收集器，按住〈Ctrl〉键选择相应参照并输入偏移距离。

⑤ 单击操控面板中"标准轮廓孔"按钮 ⊔ 和"沉头"按钮 ⊔⊔，定义孔的形状尺寸，包括孔的直径和深度，沉头部分的直径和深度。单击"预览"按钮 ⏸，确认无误，单击"完成"按钮 ✓，完成直孔特征的创建，如图 3-6-38 所示。

3）草绘孔的创建方法。

草绘孔的创建是以草绘截面的方式定义孔的形状，如同旋转特征的截面，绘制截面时需绘制中心线，且绘制的截面图形必须封闭。以图 3-6-39 为例来说明创建方法。

① 创建 $100 \times 100 \times 100$ 立方块。

② 单击"模型"选项卡"工程"区域中的"孔"按钮 孔，选取上表面作为放置平面。

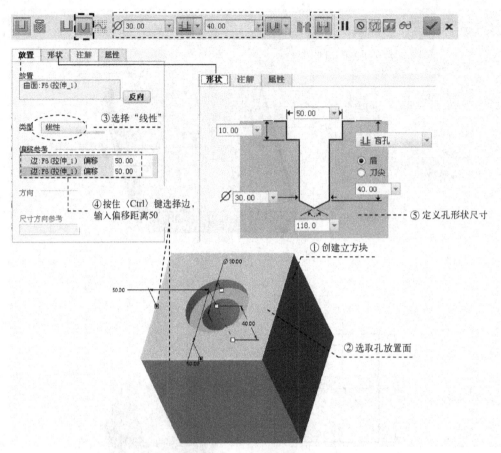

③选择"线性"

④按住〈Ctrl〉键选择边，输入偏移距离50

⑤定义孔形状尺寸

① 创建立方块

② 选取孔放置面

图 3-6-38　标准孔轮廓的创建

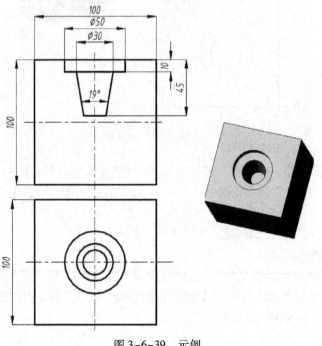

图 3-6-39　示例

③ 选择孔的定位类型，系统默认"线性"。

④ 激活"偏移参考"收集器，按住〈Ctrl〉键选择相应参照并输入偏移距离。

⑤ 单击操控面板中"使用草绘定义钻孔轮廓"按钮![img]，单击"激活草绘器以创建截面"按钮![img]，系统会自动打开一个草绘器，绘制孔的轮廓。单击"确定"按钮![img]，完成孔轮廓的绘制。

注意：绘制一条中心线且孔轮廓截面图形要单一封闭。

⑥ 在"孔"特征的操控板中单击"完成"按钮![img]，完成草绘孔的创建，如图 3-6-40 所示。

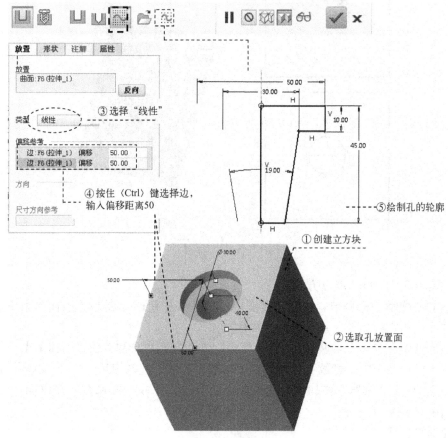

图 3-6-40　草绘孔的创建

4）标准孔的创建方法。

符合工业标准的螺纹孔，有公制螺纹孔（ISO），英制螺纹孔（UNC 粗牙和 UNF 细牙）及锥螺纹孔（ISO_ 7/1，NPT 和 NPTF），标准孔的操控面板如图 3-6-41 所示。

图 3-6-41　标准孔操控面板

![img]：创建符合工业标准的各种螺纹孔。

![img]：添加攻丝。

▌▌：创建锥孔。

 ▐▐▐▼：允许用户指定钻孔肩部深度和钻孔深度。

以图 3-6-42 为例来说明标准孔的创建方法。

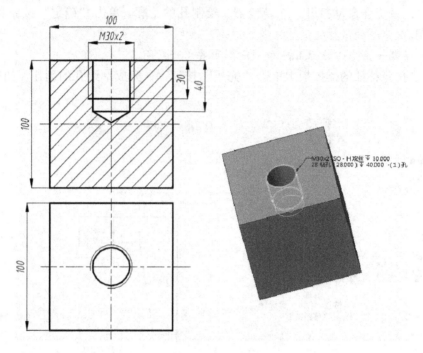

图 3-6-42　示例

① 创建 $100 \times 100 \times 100$ 立方块。

② 单击"模型"选项卡"工程"区域中的"孔"按钮 ，选取上表面作为放置平面。

③ 选择孔的定位类型，系统默认"线性"。

④ 激活"偏移参考"收集器，按住〈Ctrl〉键选择相应参照并输入偏移距离。

⑤ 单击操控面板中"螺纹孔"按钮 ，在螺钉尺寸中选取 $M30 \times 2$ ，定义螺纹孔的深度与钻孔深度，单击"预览"按钮 ，确认无误，单击"完成"按钮 ，完成标准孔特征的创建，如图 3-6-43 所示。

3. 轮廓筋特征

在进行产品结构设计时，为了增加结构的强度和使用的可靠性，常常需要在结构薄弱处设计加强筋。Creo 3.0 软件中的轮廓筋特征主要是用来设计加强筋的。

（1）输入命令

单击"模型"选项卡"工程"区域中的"筋"按钮 下拉箭头，单击其中的"轮廓筋"按钮。

（2）特征操控板

图 3-6-44 为轮廓筋特征的操控面板。

 ▨：围绕草绘平面加厚筋特征，可以对称或朝向草绘平面一侧，如图 3-6-45 示。

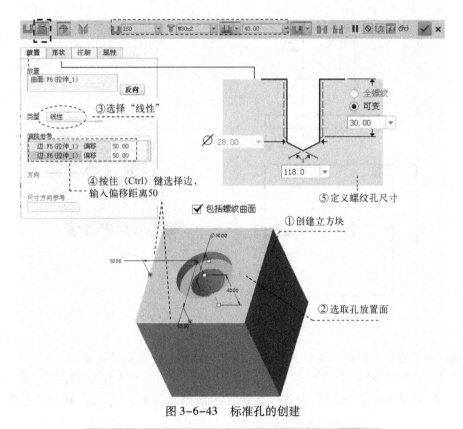

③选择"线性"

④按住〈Ctrl〉键选择边，输入偏移距离50

⑤定义螺纹孔尺寸

☑ 包括螺纹曲面

①创建立方块

②选取孔放置面

图 3-6-43   标准孔的创建

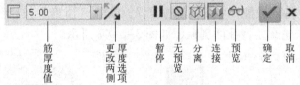

筋厚度值　更改厚度两侧　厚度选项　暂停　无预览　分离　连接　预览　确定　取消

图 3-6-44   "轮廓筋"特征操控板

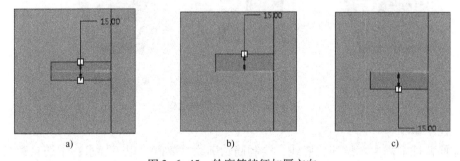

a)　　　　　　　　b)　　　　　　　　c)

图 3-6-45   轮廓筋特征加厚方向
a) 对称加厚   b) 侧 1   c) 侧 2

（3）轮廓筋的创建方法

以图 3-6-46 为例，说明轮廓筋的操作方法。

① 创建原始模型。

② 在原始模型的对称平面上绘制筋轮廓线。

注意：轮廓线为一条线，不封闭。

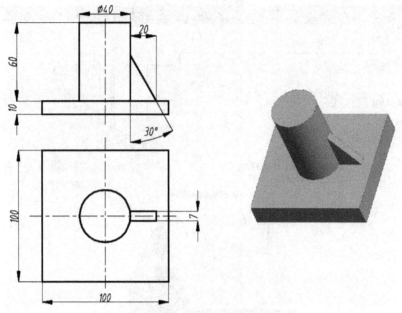

图 3-6-46 示例

注意： 为了能捕捉到轮廓边线，单击"参考"按钮 ▭，创建参考线。

③ 单击"模型"选项卡"工程"区域 工程▾ 中的"筋"按钮 ▦筋▾ 下拉箭头，单击其中的"轮廓筋"按钮 ▦ 轮廓筋，选取轮廓线，系统提示筋添加材料的方向，单击指示箭头改变方向。

④ 在"轮廓筋"特征操控板中输入筋厚度7，单击"预览"按钮 ⬚，确认无误，单击"完成"按钮 ✓，完成轮廓筋特征的创建，如图3-6-47所示。

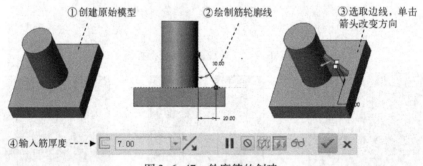

图3-6-47 轮廓筋的创建

（4）注意事项

创建筋特征前需要草绘筋轮廓线，绘制筋轮廓线需要满足以下要求：①筋轮廓线必须为单一开放环；②轮廓线必须为连续的非相交的草绘图元；③草绘端点必须与形成封闭区域的连接曲面对齐。

3.6.3 课后练习

1. 完成图3-6-48叉架的三维建模。

2. 完成图3-6-49所示零件的三维建模。

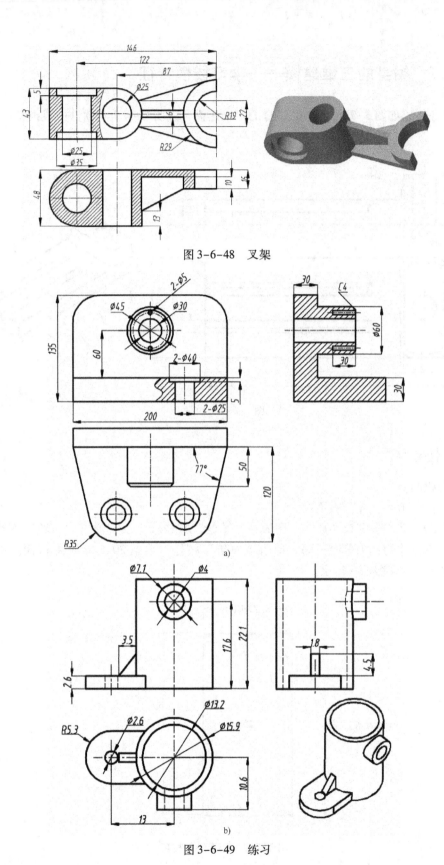

图 3-6-48　叉架

a)

b)

图 3-6-49　练习

任务 3.7 钳身的三维建模——学习拔模特征

本任务将以如图 3-7-1 所示的钳身的三维建模，说明 Creo 3.0 软件中拔模特征的使用。

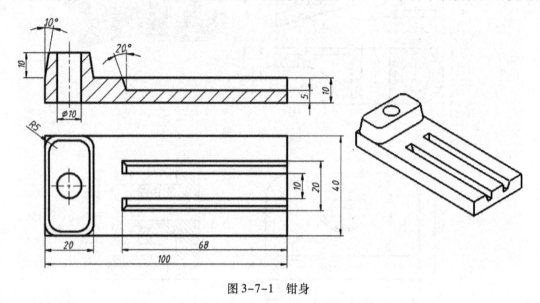

图 3-7-1 钳身

3.7.1 任务学习

1. 创建凸台

（1）草绘 20×40 矩形截面

单击"模型"选项卡"基准"区域中"草绘"按钮 ，系统弹出"草绘"对话框，选择 RIGHT 基准平面作为草绘平面，单击"草绘"按钮，绘制 20×40 矩形截面。单击"确定"按钮 ，保存截面并退出。

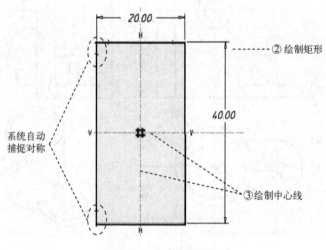

图 3-7-2 矩形绘制技巧

草绘技巧：首先利用"中心线"按钮 中心线 分别绘制水平和竖直方向中心线，然后利用"矩形"按钮 □矩形，以两条中心线为对称线绘制矩形，系统可以自行捕捉图形对称，如图 3-7-2 所示。

（2）创建凸台实体

单击"模型"选项卡"形状"区域的"拉伸"按钮，选取 20×40 矩形截面，定义拉伸属性，输入拉伸深度值 10，单击"完成"按钮 ✓，完成凸台实体的创建，如图 3-7-3 所示。

（3）创建拔模特征　　　　　　——拔模特征【1】

① 单击"模型"选项卡"工程"区域中的"拔模"按钮 拔模，选取立方体的 4 个侧面作为拔模曲面。

图 3-7-3　创建凸台实体

注意：按住〈Ctrl〉键完成 4 个面的选取。

② 单击"单击此处添加项"激活拔模枢轴选项，选取顶面。

③ 单击"反向"按钮调整方向，输入拔模角度 10°。

④ 单击"完成"按钮 ✓，如图 3-7-4 所示，完成拔模特征的创建，如图 3-7-5 所示。

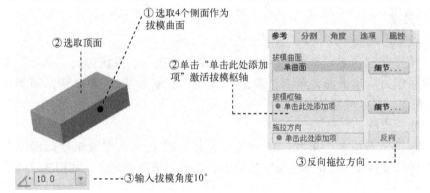

图 3-7-4　创建拔模特征

（4）倒圆角

单击"模型"选项卡"工程"区域的"倒圆角"按钮 倒圆角，在模型上选取要倒角的 4 条边，系统弹出"倒圆角"特征操控板，输入圆角半径为 5，单击"完成"按钮 ✓，最终完成圆角的创建，如图 3-7-6 所示。

图 3-7-5　拔模效果图

图 3-7-6　倒圆角效果图

2. 创建底板

（1）草绘 100×40 矩形截面

单击"模型"选项卡"基准"区域中的"草绘"按钮🏷，系统弹出"草绘"对话框，选择凸台底面作为草绘平面，单击"草绘"按钮，绘制 100×40 矩形截面。单击"确定"按钮✓，保存截面并退出，如图 3-7-7 所示。

草图技巧：绘制 100×40 矩形截面时，为了能捕捉到凸台底面的边界，单击"参考"按钮🔲，创建参考线。

（2）创建底板

单击"模型"选项卡"形状"区域的"拉伸"按钮🗗，选取 100×40 矩形截面，定义拉伸属性，输入拉伸深度值 10，单击"完成"按钮✓，完成底板的创建，如图 3-7-8 所示。

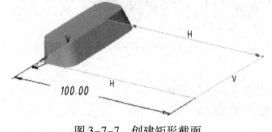 

| 图 3-7-7　创建矩形截面 | 图 3-7-8　创建底板 |

3. 创建凹槽

（1）草绘矩形截面

单击"模型"选项卡"基准"区域中"草绘"按钮🏷，系统弹出"草绘"对话框，选择底板的顶面作为草绘平面，单击"草绘"按钮，绘制如图 3-7-9 所示矩形截面。单击"确定"按钮✓，保存截面并退出。

（2）创建矩形槽

单击"模型"选项卡"形状"区域的"拉伸"按钮🗗，选取矩形截面，定义拉伸属性，输入拉伸深度值 5，单击"完成"按钮🗗，完成矩形槽的创建，如图 3-7-10 所示。

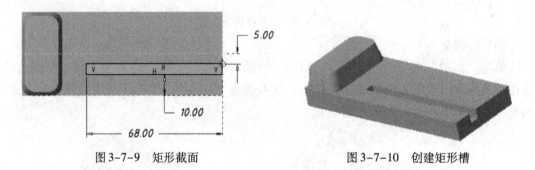

| 图 3-7-9　矩形截面 | 图 3-7-10　创建矩形槽 |

（3）创建拔模特征

① 单击"模型"选项卡"工程"区域中的"拔模"按钮🅰拔模，选取槽的两个侧面作为拔模曲面。

注意：按住〈Ctrl〉键完成选取。

② 单击"单击此处添加项"激活拔模枢轴选项，选取顶面。

③ 单击"反向"按钮调整方向，输入拔模角度 20。

④ 单击"完成"按钮✓，如图 3-7-11 所示，完成拔模特征的创建，如图 3-7-12 所示。

（4）镜像凹槽

按住〈Ctrl〉键选取模型树中的"拉伸"与"拔模斜度"选项（即凹槽），单击"模型"选项卡"编辑"区域的"镜像"按钮 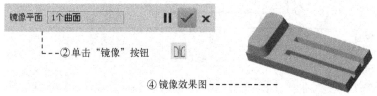，选取镜像平面，单击"完成"按钮 ✔，完成镜像特征的创建，如图3-7-13所示。

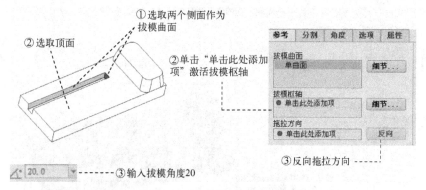

图3-7-11　创建拔模特征

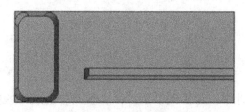

图3-7-12　拔模效果图

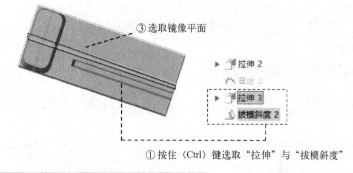

图3-7-13　镜像凹槽

4. 创建孔

① 单击"模型"选项卡"工程"区域中的"孔"按钮 ，选取凸台上表面作为放置平面。

② 选择孔的定位类型，系统默认"线性"。

③ 激活"偏移参考"收集器，按住〈Ctrl〉键选择相应参照基准平面并输入偏移距离。

④ 定义孔的形状尺寸，包括孔的直径和深度。单击"预览"按钮 ☯，确认无误，单击"完成"按钮 ☑，完成直孔特征的创建，如图 3-7-14 所示。

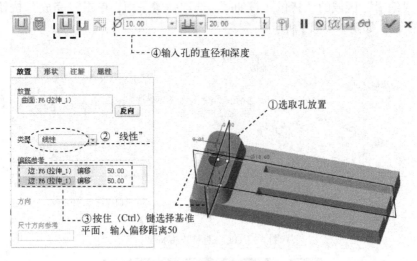

图 3-7-14　孔的创建

3.7.2　任务注释

拔模特征：在产品设计中，考虑到后期产品在模具中的成型脱模，往往在产品结构增加拔模特征。拔模特征用于创建模型的拔模斜面。

（1）输入命令

单击"模型"选项卡"工程"区域中的"拔模"按钮 🔧拔模。

（2）特征操控板

图 3-7-15 为拔模特征的操控面板。

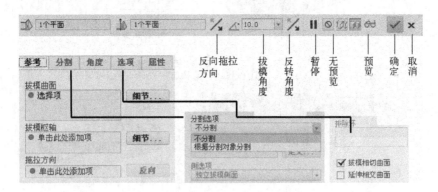

图 3-7-15　"拔模"特征操控板

1）专业术语。

◇ 拔模曲面：需进行拔模的模型曲面。

◇ 拔模枢轴：供拔模曲面旋转的线或曲线参照，又称中立曲线。可通过选取平面（在此情况下将拔模曲面与此平面的交线作为拔模枢轴）或选取拔模曲面上的单个曲线链等方式定义拔模枢轴。

◇ 拖动方向：又称拔模方向，用于定义拔模角度的方向。可以通过选取平面、直边、基准轴或坐标系的轴来定义拖动方向。

◇ 拔模角度：拔模方向与生成的拔模曲面之间的角度。拔模角度必须在 – 30° ~ 30°范围内。

2）选项说明。

① 参考。用来收集拔模曲面、拔模枢轴和拖动方向的参照。

② 分割。分割选项卡包括如下子选项：

◇ 不分割：不分割拔模曲面。整个曲面绕拔模枢轴旋转。

◇ 根据拔模枢轴分割：沿拔模枢轴分割拔模曲面。

◇ 根据分割对象分割：使用面组或草绘分割拔模曲面。

③ 角度。包含拔模角度及拔模位置，可在角度列表中添加可变拔模角。

④ 选项。

◇ 排除环：可用来选取要从拔模曲面排除的轮廓。

◇ 拔模相切曲面：选中该复选框，系统会自动延伸拔模，以包含与所选拔模曲面相切的曲面。

◇ 延伸相交曲面：选中该复选框，系统将延伸相邻曲面与拔模面相交。

（3）拔模的创建方法

1）不分割拔模的创建方法。

以图 3-7-16 为例，说明不分割拔模的操作方法。

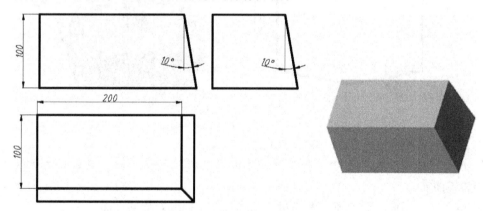

图 3-7-16　示例

① 创建 $100 \times 100 \times 200$ 的立方体。

② 单击"模型"选项卡"工程"区域中的"拔模"按钮 拔模，选取立方体的两个侧面作为拔模曲面。

注意：按住〈Ctrl〉键完成多个面的选取。

③ 单击"单击此处添加项"激活拔模枢轴选项，选取顶面。

④ 单击"反向"按钮，输入拔模角度10。

⑤ 单击"完成"按钮 ，完成拔模特征的创建，如图 3-7-17 所示。

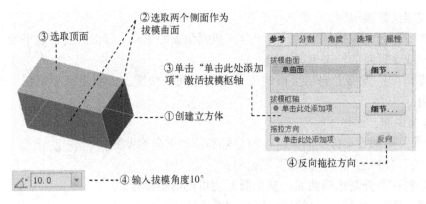

图 3-7-17 不分割拔模的创建

2）根据拔模枢轴分割拔模的创建方法。

以图 3-7-18 为例，说明根据拔模枢轴分割拔模的操作方法。

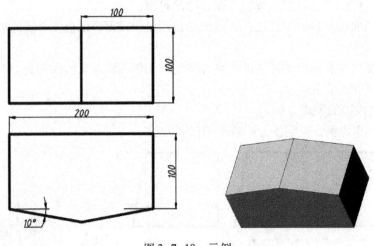

图 3-7-18 示例

① 利用对称拉伸创建 $100 \times 100 \times 200$ 的立方体。

② 单击"模型"选项卡"工程"区域中的"拔模"按钮 拔模，选取立方体的一个侧面作为拔模曲面。

③ 单击"单击此处添加项"激活拔模枢轴选项，选取对称基准面。

④ 分割选项中选取"根据拔模枢轴分割"选项。

⑤ 输入拔模角度 10，调整"反向"按钮 确定方向。

⑥ 单击"完成"按钮，完成拔模特征的创建，如图 3-7-19 所示。

3）根据分割对象分割拔模的创建方法。

以图 3-7-20 为例，说明根据分割对象分割拔模的操作方法。

① 利用对称拉伸创建 $100 \times 100 \times 200$ 的立方体和样条曲线。

② 单击"模型"选项卡"工程"区域中的"拔模"按钮 拔模，选取立方体的一个侧面作为拔模曲面。

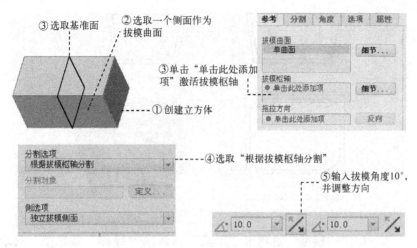

图 3-7-19　根据拔模枢轴分割拔模的创建

③ 单击"单击此处添加项"激活拔模枢轴选项，选取顶面。

④ 分割选项中选取"根据分割对象分割"选项，选取样条曲线作为分割对象。

⑤ 输入拔模角度 20 和 0。

⑥ 单击"完成"按钮 ✓，完成拔模特征的创建，如图 3-7-21 所示。

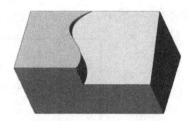

图 3-7-20　示例

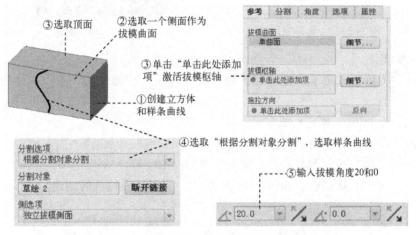

图 3-7-21　根据分割对象分割拔模的创建

3.7.3　知识拓展

完成图 3-7-22 零件的三维建模。

（1）创建实体

① 草绘 74×58 矩形截面。单击"模型"选项卡"基准"区域中的"草绘"按钮 ，系统弹出"草绘"对话框，选择 TOP 基准平面作为草绘平面，单击"草绘"按钮，绘制 74×58 矩形截面，如图 3-7-23 所示。单击"确定"按钮 ✓，保存截面并退出。

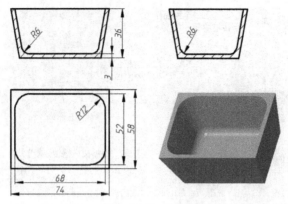

图 3-7-22 零件

② 创建实体。单击"模型"选项卡"形状"区域的"拉伸"按钮🔲，选取 74×58 矩形截面，定义拉伸属性，输入拉伸深度值 36，单击"完成"按钮✓，完成实体的创建，如图 3-7-24 所示。

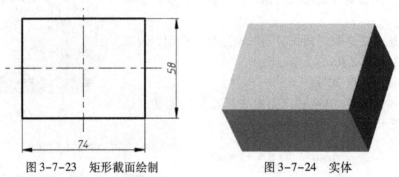

图 3-7-23　矩形截面绘制　　　　　　图 3-7-24　实体

（2）拔模实体

① 单击"模型"选项卡"工程"区域中的"拔模"按钮🔷拔模，选取实体的 4 个侧面作为拔模曲面。

注意：按住〈Ctrl〉键完成选取。

② 单击"单击此处添加项"激活拔模枢轴选项，选取顶面。

③ 单击"反向"按钮调整方向，输入拔模角度 10。

④ 单击"完成"按钮✓，如图 3-7-25 所示，完成拔模特征的创建。

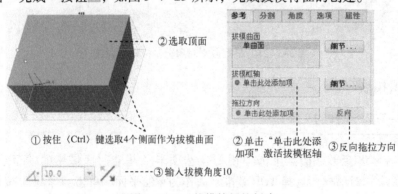

图 3-7-25　拔模特征的创建

（3）抽壳特征

单击"模型"选项卡"工程"区域中的"抽壳"按钮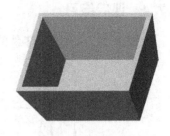
，在"抽壳"特征操控板中输入壁厚值3，选取要去除的
实体上表面，单击"完成"按钮 ✓ ，完成抽壳特征的创建，
如图3-7-26所示。

图3-7-26　抽壳特征的创建

（4）倒圆角

1）创建可变圆角。

① 单击"模型"选项卡"工程"区域的"倒圆角"按
钮 ✎倒圆角。

② 选取要倒角的边线。

③ 系统弹出"倒圆角"特征操控板，输入圆角半径值6。

④ 添加半径：单击"倒圆角"特征操控板中的"集"按钮，将鼠标移至上滑面板"半
径"栏中，右击鼠标，在弹出的快捷菜单中选择"添加半径"命令，然后修改半径值为12。

⑤ 利用同样的方法，将内腔的4条棱线均创建可变圆角。

⑥ 单击"预览"按钮 ⚆ ，确认无误，单击"完成"按钮 ✓ ，完成可变圆角的创建，如
图3-7-27所示。

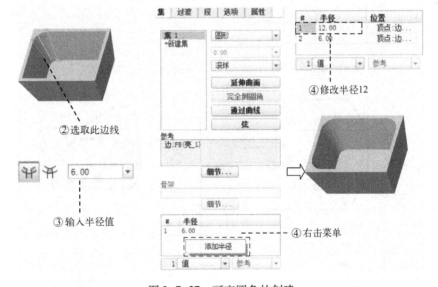

图3-7-27　可变圆角的创建

2）创建恒定圆角。

单击"模型"选项卡"工程"区域的"倒圆
角"按钮 ✎倒圆角，选取内腔底的边线，系统弹出
"倒圆角"特征操控板，输入圆角半径值6；单击
"预览"按钮 ⚆ ，确认无误，单击"完成"按钮
✓ ，完成恒定圆角的创建，最终完成零件的建模，
如图3-7-28所示。

图3-7-28　恒定圆角的创建

3.7.4 课后练习

完成图 3-7-29 所示零件的三维建模。

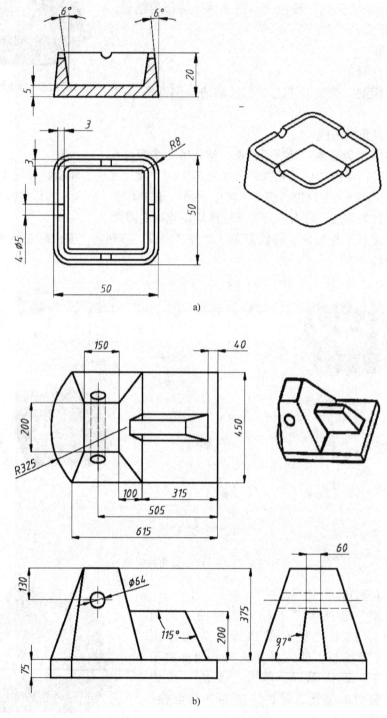

a)

b)

图 3-7-29　零件三维建模

172

任务 3.8   螺钉旋具的三维建模——学习阵列特征和组

本任务将以如图 3-8-1 所示的螺钉旋具（改锥）的三维建模，说明 Creo 3.0 软件中阵列特征和组的使用。

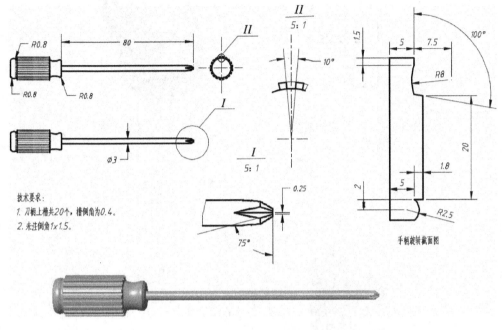

图 3-8-1   螺钉旋具

3.8.1   任务学习

1. 创建螺钉旋具手柄

（1）创建手柄旋转截面

单击"模型"选项卡"基准"区域中"草绘"按钮，系统弹出"草绘"对话框，选择 TOP 基准平面作为草绘平面，单击"草绘"按钮，绘制手柄旋转截面，如图 3-8-2 所示，单击"确定"按钮，保存截面并退出。

注意：R8 圆弧的两个端点连线为竖直线，而且 R2.5 圆弧的两个端点连线为竖直线。

（2）创建旋转特征

单击"模型"选项卡"形状"区域的"旋转"按钮，选取图 3-8-2 所示截面草图，定义旋转属性，输入旋转角度 360，单击"完成"按钮，完成手柄实体特征的创建，如图 3-8-3 所示。

（3）创建手柄上的槽

1）草绘槽。单击"模型"选项卡"基准"区域中的"草绘"按钮，系统弹出"草绘"对话框，选择图 3-8-4 所示平面作为草绘平面，单击"草绘"按钮，绘制槽截面，如图 3-8-5 所示，单击"确定"按钮，保存截面并退出。

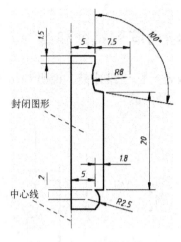

图 3-8-2 手柄旋转截面

图 3-8-3 旋转特征

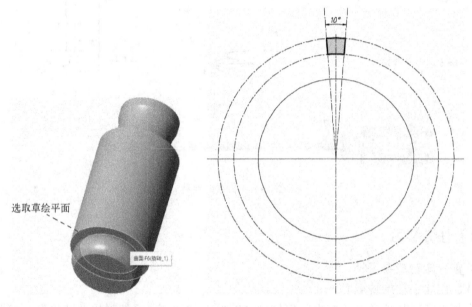

图 3-8-4 草绘平面选择

图 3-8-5 草绘槽

注意：视图显示样式可自由切换。草绘中，为了便于绘制，可将样式设置为"消隐"模式。单击工具条中的"显示样式"按钮 ⬜，选择"消隐模式" ⬜ 消隐。

2）拉伸切除槽。单击"模型"选项卡"形状"区域的"拉伸"按钮 ⬜，选取图 3-8-5 所示截面槽，定义拉伸属性，输入深度值 22（深度值大于 20 即可），按下"移除材料" ⬜ 按钮，单击"完成"按钮 ✓，完成槽的切除，如图 3-8-6 所示。

3）槽倒圆角。单击"模型"选项卡"工程"区域的"倒圆角"按钮 ⬜ 倒圆角，在模型上选取槽内两条棱边，系统弹出"倒圆角"特征操控板，输入圆角半径为 0.4，单击"完成"按钮 ✓，最终完成圆角的创建，如图 3-8-7 所示。

4）创建组。

——组【1】

为了槽的阵列，需将槽和倒角创建成一组。按住〈Ctrl〉键选择"拉伸 22"和"倒圆角

22"，右击，选择【分组】—【组】命令，生成"组 LOCAL_GROUP 20"，如图 3-8-8 所示。

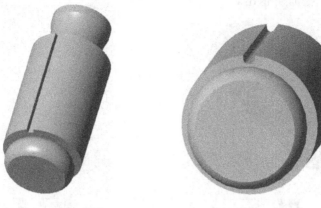

图 3-8-6　切除槽　　　　　　　　　图 3-8-7　倒圆角

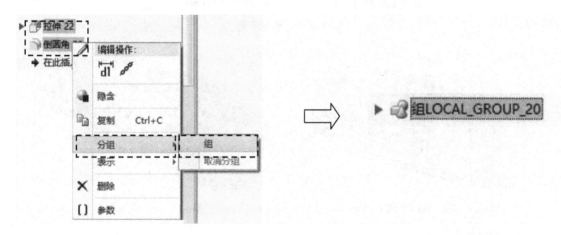

图 3-8-8　创建组

5）阵列槽。　　　　　　　　　　　　　　　　　　　　　　——阵列特征【2】

①选取模型树中的"组 LOCAL_GROUP 20"，单击"模型"选项卡"编辑"区域中的
"阵列"按钮 ⊞ 阵列 。

②系统弹出"阵列"特征操控板，选择"轴"选项。

③选取基准轴线。

④输入第一个方向成员的阵列数量"20"，设置阵列角度 360。

⑤单击"完成"按钮 ✓，如图 3-8-9 所示，完成槽阵列的创建，如图 3-8-10 所示。

（4）创建手柄上的圆角

单击"模型"选项卡"工程"区域的"倒圆角"按钮 倒圆角，在模型上选取棱边，系
统弹出"倒圆角"特征操控板，输入圆角半径为 0.8，单击"完成"按钮 ✓，最终完成圆
角的创建，如图 3-8-11 所示。

2. 创建螺钉旋具十字头

（1）创建 ϕ3 截面

单击"模型"选项卡"基准"区域中"草绘"按钮 ，系统弹出"草绘"对话框，选

择手柄端面作为草绘平面，单击"草绘"按钮，绘制 φ3 截面圆，如图 3-8-12 所示，单击"确定"按钮 ✓，保存截面并退出。

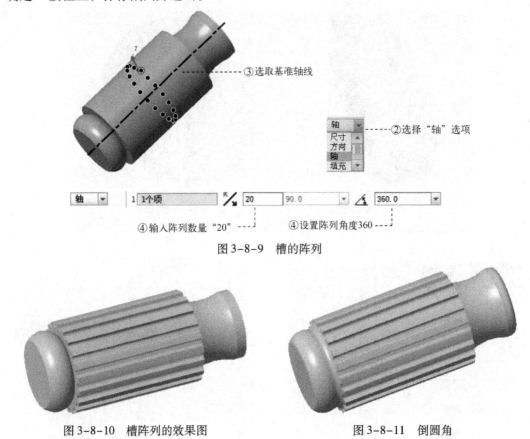

③选取基准轴线

②选择"轴"选项

④输入阵列数量"20"   ④设置阵列角度360

图 3-8-9　槽的阵列

图 3-8-10　槽阵列的效果图

图 3-8-11　倒圆角

（2）创建拉伸特征

单击"模型"选项卡"形状"区域的"拉伸"按钮 ，选取图 3-8-12 所示 φ3 截面圆，定义拉伸属性，输入深度值80，单击"完成"按钮 ✓，完成拉伸特征，如图 3-8-13 所示。

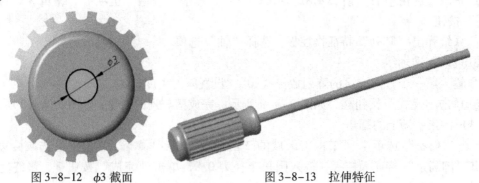

图 3-8-12　φ3 截面

图 3-8-13　拉伸特征

（3）创建倒角

单击"模型"选项卡"工程"区域的"倒角"按钮 下拉箭头，单击其中的"边倒角"按钮。选取边线，系统默认倒角标注样式 $D \times D$，将倒角标注样式修改为 $D_1 \times D_2$，输入

D_1 值为 1，D_2 值为 1.5，单击"预览"按钮 ，确认无误，单击"完成"按钮 ✓，完成倒角的创建，如图 3-8-14 所示。

图 3-8-14 倒角 1×1.5

（4）草绘扫描轨迹

单击"模型"选项卡"基准"区域中"草绘"按钮，系统弹出"草绘"对话框，选择 TOP 平面（或 RIGHT 平面）作为草绘平面，单击"草绘"按钮，绘制如图 3-8-15 所示扫描轨迹，单击"确定"按钮 ✓，保存并退出。

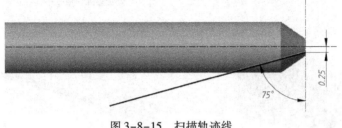

图 3-8-15 扫描轨迹线

（5）扫描特征

① 单击"模型"选项卡"形状"区域的"拉伸"按钮，在"扫描"特征操控板中单击"创建或编辑扫描截面"按钮，系统会自动进入草绘环境，用于绘制截面草图。

注意：单击"草绘视图"按钮，定向草绘平面使其与屏幕平行。

② 截面草图绘制。系统自动创建了截面绘图参考线。以两条参考线的交点为对称中心，绘制截面草图，绘制完成后，单击"确定"按钮 ✓，如图 3-8-16 所示。然后，按下"移除材料"按钮，单击"预览"按钮，确认无误，单击操控板中的"确定"按钮 ✓，完成螺钉旋具扫描特征的创建，如图 3-8-17 所示。

图 3-8-16 扫描截面创建

（6）利用阵列创建螺钉旋具十字头

① 选取模型树中的扫描特征，单击"模型"选项卡"编辑"区域中的"阵列"按钮。

② 系统弹出"阵列"特征操控板，选择"轴"选项。

图 3-8-17 扫描特征效果图

③ 选取基准轴线。

④ 输入第一个方向成员的阵列数量"4"，设置阵列角度 360。

⑤ 单击"完成"按钮 ✓，如图 3-8-18 所示，完成螺钉旋具十字头的创建，如图 3-8-19 所示。最终完成螺钉旋具的三维建模，如图 3-8-20 所示。

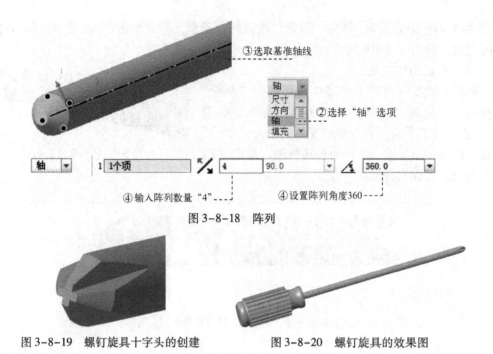

③选取基准轴线

轴

尺寸
方向
轴
填充

②选择"轴"选项

轴   1 1个项   4   90.0   360.0

④输入阵列数量"4"   ④设置阵列角度360

图 3-8-18   阵列

图 3-8-19   螺钉旋具十字头的创建   图 3-8-20   螺钉旋具的效果图

3.8.2   任务注释

1. 组

在 Creo 软件进行设计过程中，使用组可以将多个特征集合在一起，类似于一个块，可以对组进行阵列、复制、镜像等操作，提高设计的效率。

（1）创建组

组的创建过程就是将多个有一定关系的相邻特征集合在一起，集合中的特征包括基准特征、建模特征、草绘特征、工程特征等。组的创建方法很简单，在模型树中选择特征，需要选取多个特征时，按住〈Ctrl〉键，选取多个特征后，右击，从右键菜单中选择【分组】→【组】命令，即将多个特征集合在一个组里。

以图 3-8-21 为例说明组的创建方法。图 3-8-21 圆盘底板上有一个小凸台，小凸台通过拉伸特征和倒角特征实现，若实现小凸台的阵列和镜像特征，首先需要将拉伸特征和倒角特征集合成一个组。操作方法如下：按住〈Ctrl〉键，在模型树中选取拉伸特征和倒角特征，从右键菜单中选择【分组】→【组】命令，完成组的创建。

（2）取消分组

如果需要取消分组，首先在模型树中选择组，右击，在右键菜单中选择【分组】→【取消分组】命令，将组里面特征分解出来。如图 3-8-22 所示。

2. 阵列特征

阵列特征是指引导特征按照一定的规律排列出大量相同或相似的几何特征的操作过程。常见的阵列方式有尺寸阵列、方向阵列、轴阵列、填充阵列、曲线阵列、参照阵列和表阵列。

（1）输入命令

单击"模型"选项卡"编辑"区域中的"阵列"按钮 ⊞ 阵列。

178

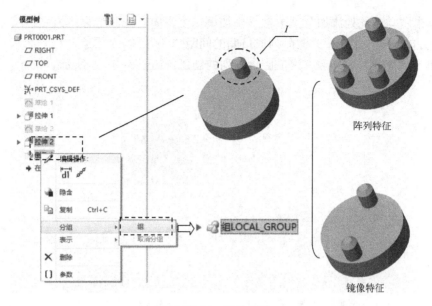

图 3-8-21　组的创建

（2）阵列的常用创建方法

1）尺寸阵列的创建方法。

以图 3-8-23 为例说明尺寸阵列的创建方法。

① 创建组合体。

② 选取小圆台，单击"模型"选项卡"编辑"区域中的"阵列"按钮 ⊞ 阵列。

③ 系统弹出"阵列"特征操控板，选择"尺寸"选项。

④ 选取尺寸"35"作为第一个方向，输入第一个方向阵列成员间的间距"65"，输入数量"6"。

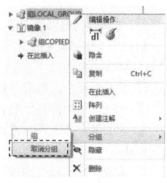

图 3-8-22　取消分组

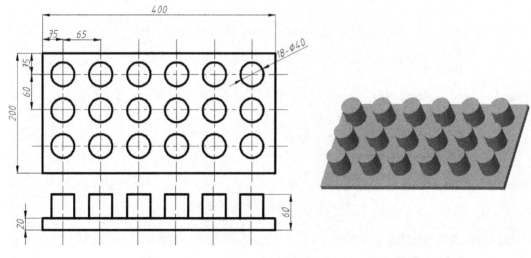

图 3-8-23　示例

⑤ 单击"单击此处添加"文本框，添加第二个方向，选取组合体另一边尺寸"35"作为第二个方向，输入第二个方向阵列成员间的间距"60"，输入数量"3"。

⑥ 单击"完成"按钮✓，完成圆台阵列的创建，如图 3-8-24 所示。

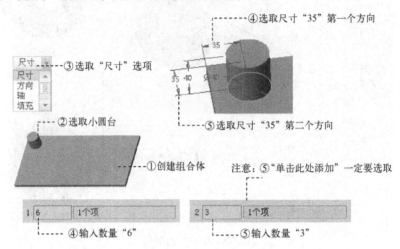

图 3-8-24　尺寸阵列的创建方法

2）方向阵列的创建方法。

仍以图 3-8-23 为例说明方向阵列的创建方法。

① 创建组合体。

② 选取小圆台，单击"模型"选项卡"编辑"区域中的"阵列"按钮 ⊞ 阵列。

③ 系统弹出"阵列"特征操控板，选择"方向"选项。

④ 选取组合体底板的长边作为第一个方向，输入数量"6"，输入第一个方向阵列成员间的间距 65。

⑤ 单击"单击此处添加"文本框，添加第二个方向，选取组合体底边的短边作为第二个方向，输入数量"3"，输入第二个方向阵列成员间的间距 60。

⑥单击"完成"按钮✓，完成圆台阵列的创建，如图 3-8-25 所示。

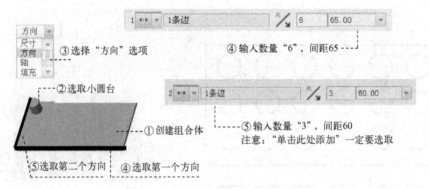

图 3-8-25　方向阵列的创建方法

3）轴阵列的创建方法。

以图 3-8-26 为例说明方向阵列的创建方法。

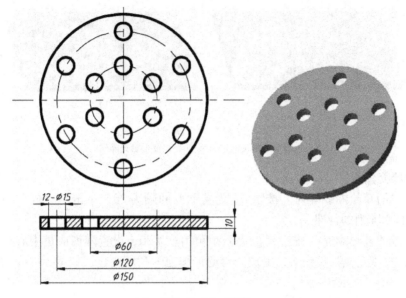

图 3-8-26 示例

① 创建底板。

② 选取圆孔，单击"模型"选项卡"编辑"区域中的"阵列"按钮 阵列。

③ 系统弹出"阵列"特征操控板，选择"轴"选项。

④ 选取基准轴线。

⑤ 输入第一个方向成员的阵列数量"6"，设置阵列角度360。

⑥ 输入第二个方向成员的阵列数量"2"，设置阵列径向距离30。

⑦单击"完成"按钮 ✓，完成圆孔阵列的创建，如图3-8-27所示。

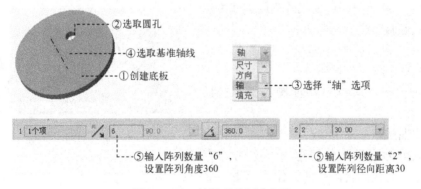

图 3-8-27　轴阵列的创建方法

4）填充阵列的创建方法。

以图 3-8-28 为例说明填充阵列的创建方法。

① 创建底板、凸台与曲线。

② 选取凸台，单击"模型"选项卡"编辑"区域中的"阵列"按钮 阵列。

③ 系统弹出"阵列"特征操控板，选择"填充"选项。

图 3-8-28 示例

a）沿草绘曲线填充阵列 b）以菱形填充阵列

④ 选取填充曲线。

⑤ 单击"沿草绘曲线阵列"按钮，设置两两间隔为20，单击"完成"按钮，完成凸台沿草绘曲线阵列的创建。

⑥ 若单击"菱形填充"按钮，设置两两间隔为20，设置阵列成员中心距草绘边界的距离为3，单击"完成"按钮，完成凸台菱形填充阵列的创建，如图3-8-29所示。

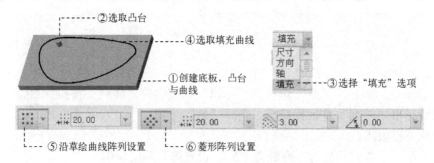

图 3-8-29 填充阵列的创建方法

5）曲线阵列的创建方法。

以图 3-8-30 为例说明曲线阵列的创建方法。

① 创建底板、凸台与曲线。

② 选取凸台，单击"模型"选项卡"编辑"区域中的"阵列"按钮。

③ 系统弹出"阵列"特征操控板，选择"曲线"选项。

④ 选取曲线。

⑤ 输入阵列成员间的间距30，单击"完成"按钮，完成凸台阵列的创建，如图3-8-31所示。

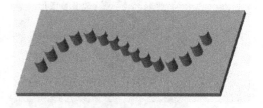

图 3-8-30 示例

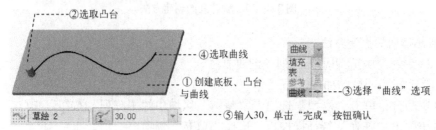

图 3-8-31 曲线阵列的创建方法

3.8.3 课后练习

1. 完成图 3-8-32 所示玩具模型的三维建模。

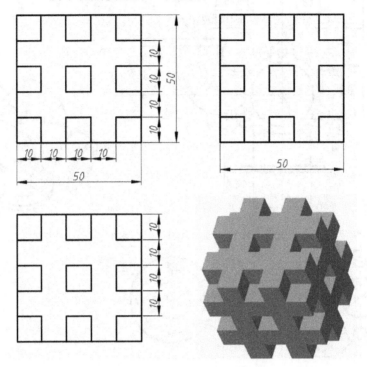

图 3-8-32 玩具模型

2. 完成图 3-8-33 所示模型方向盘的三维建模。

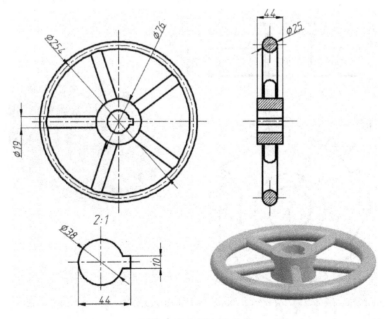

图 3-8-33 模型方向盘

3. 完成图 3-8-34 所示零件的三维建模。

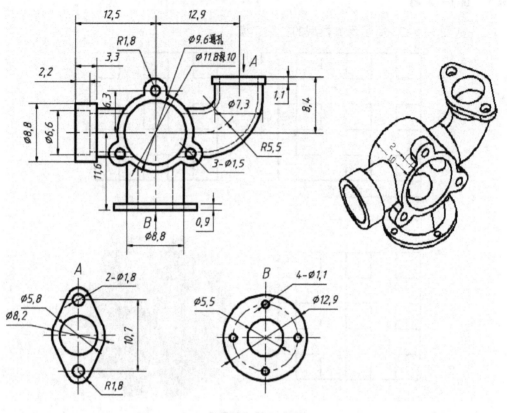

图 3-8-34　零件图

4. 完成图 3-8-35 所示棘轮零件的三维建模。

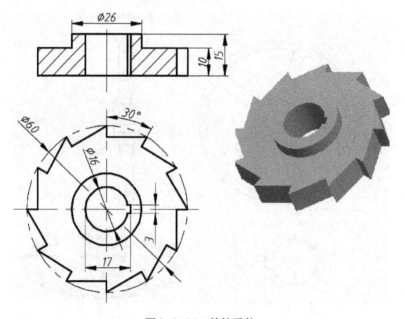

图 3-8-35　棘轮零件

5. 完成图 3-8-36 所示零件的三维建模。

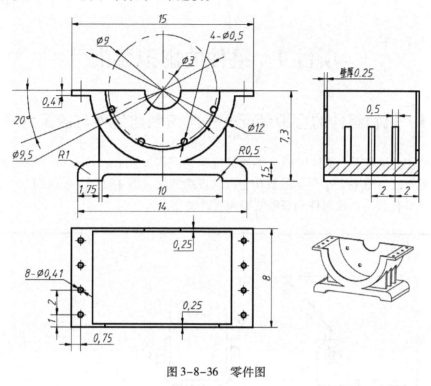

图 3-8-36　零件图

项目4　组件的虚拟装配

任务4.1　机构组件的虚拟装配——学习创建组件与装配约束设置

产品往往是由若干个零件组成，零件的虚拟装配需要在 Creo 3.0 软件中的装配模块完成。本任务将以如图 4-1-1 所示的机构组件的虚拟装配（图 4-1-2～图 4-1-5 为零件图），说明 Creo 3.0 软件中创建组件和装配约束设置的使用。

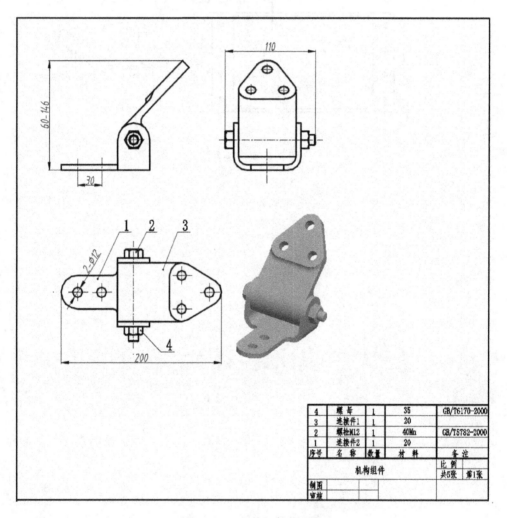

图 4-1-1　机构组件装配图

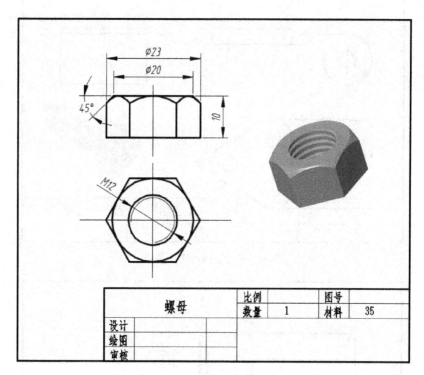

图 4-1-2　螺母零件图

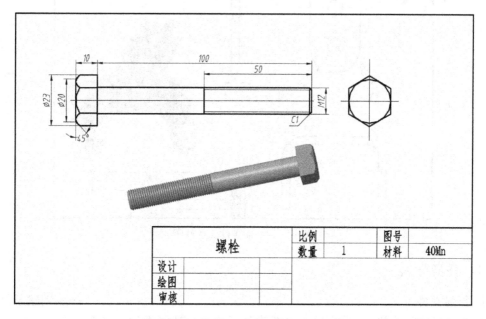

图 4-1-3　螺栓零件图

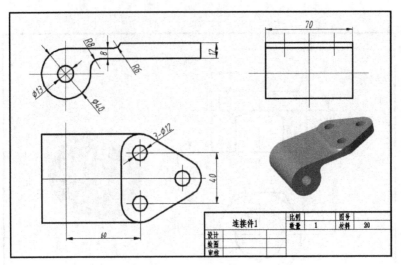

图 4-1-4 连接件 1 零件图

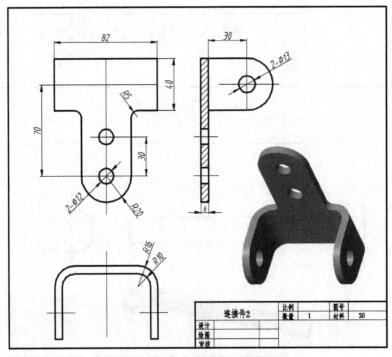

图 4-1-5 连接件 2 零件图

4.1.1 任务学习

1. 新建文件

单击"新建"按钮，系统弹出"新建"对话框，选择类型"装配"，输入名称"4−1practice"，将复选框"使用默认模板"的对勾去掉，单击"确定"按钮，系统打开"新文件选项"对话框，选择"mmns_asm_design"选项，以公制毫米为单位装配，如图 4-1-6 所示，单击"确定"按钮，进入 Creo 3.0 虚拟装配的用户界面。

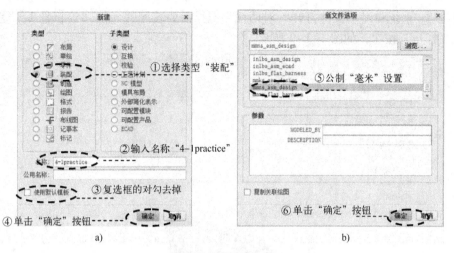

a)   b)

图 4-1-6　新建文件

a)"新建"对话框　b)"新文件选项"对话框

2. 装配连接件 2

1)单击"模型"选项卡"元件"区域中的"组装"按钮📇,系统弹出"文件打开"对话框,选择需要装配的元件"连接件 2",单击对话框中的"打开"按钮,如图 4-1-7 所示。

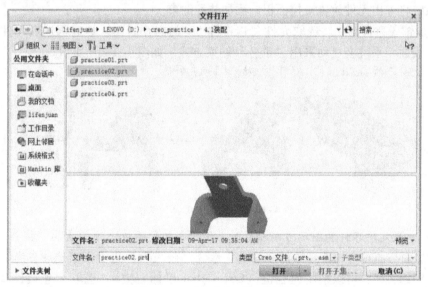

图 4-1-7　"文件打开"对话框

2)系统将弹出元件放置操控面板,在操控面板中选择"默认"的约束方式,单击"完成"按钮✓,完成"连接件 2"元件的装配,如图 4-1-8 所示

——装配约束【2】

注意:通常装配第一个元件都采用"默认"方式装配。

3. 装配连接件 1

1)单击"模型"选项卡"元件"区域中的"组

图 4-1-8　"默认"约束

装"按钮，系统弹出"文件打开"对话框，选择需要装配的元件"连接件1"，单击对话框中的"打开"按钮，如图4-1-9所示。

图4-1-9 "打开"对话框

2）系统将弹出元件放置操控面板，添加装配约束。

① 添加轴线重合约束。选取元件"连接件1"的内孔表面，然后再选取元件"连接件2"的内孔表面，系统会自动采用"重合"约束方式，如图4-1-10所示。

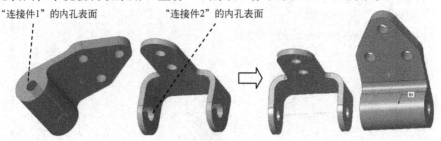

图4-1-10 轴线"重合"约束

注意： 如果发现零件和图示方向相反时，请单击控制面板上的"反向"按钮 ％。

② 添加面与面重合约束。添加完轴线"重合"约束后，为了便于选取参考对象，需移动元件"连接件2"，可以采用组合键〈Ctrl + Alt + 鼠标右键〉。选取"连接件2"内侧平面，再选取"连接件1"外侧平面，如图4-1-11所示。

图4-1-11 选取装配参照

单击操控面板上的"放置"按钮，在其下滑面板上选取约束类型"重合"，如图4-1-12所示，完成面与面的重合约束，如图4-1-13所示。

图4-1-12　元件放置操控面板　　　　图4-1-13　面与面"重合"约束

③ 角度偏移约束。采用组合键〈Ctrl + Alt + 鼠标中键〉，可以发现"连接件1"元件与"连接件2"元件围绕轴线可实现相对旋转，为了实现装配中的定向，需添加角度偏移约束。

继续添加第3个约束，单击操控面板上的"放置"按钮，在其下滑面板上单击"新建约束"按钮，如图4-1-12所示，然后选取"连接件2"内侧大平面，再选取"连接件1"外侧平面，如图4-1-14所示。

图4-1-14　选取装配参照

单击操控面板上的"放置"按钮，在其下滑面板上系统自动选取约束类型"角度偏移"，输入偏移值"−135"，如图4-1-15所示，完成角度偏移约束，单击"完成"按钮 ☑，完成"连接件1"元件的装配，如图4-1-16所示。

注意：单击图4-1-15所示"反向"按钮调整角度约束方向，显示效果与图4-1-16保持一致。

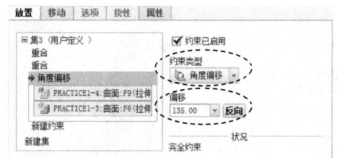

图4-1-15　元件放置操控面板　　　　图4-1-16　"角度偏移"约束

4. 装配螺栓

1）单击"模型"选项卡"元件"区域中的"组装"按钮 ⬚，系统弹出"文件打开"

对话框，选择需要装配的元件"螺栓"，单击对话框中的"打开"按钮。

2）系统将弹出元件放置操控面板，添加装配约束。

① 添加轴线重合约束。选取元件"螺栓"的外圆柱表面，然后再选取元件"连接件1"的内孔表面，系统会自动采用"重合"约束方式，如图4-1-17所示。

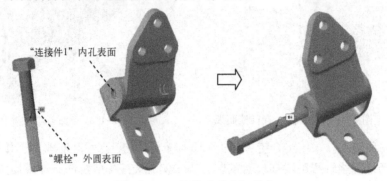

图4-1-17 轴线"重合"约束

② 添加面与面重合约束。添加完轴线"重合"约束后，为了便于选取参考对象，需移动元件"螺栓"，可以采用组合键〈Ctrl + Alt + 鼠标右键〉。选取"螺栓"的螺帽内侧平面，再选取"连接件1"外侧平面，如图4-1-18所示。

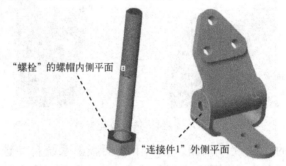

图4-1-18 选取装配参照

单击操控面板上的"放置"按钮，在其下滑面板上选取约束类型"重合"，如图4-1-19所示，完成面与面的重合约束，单击"完成"按钮☑，完成"螺栓"元件的装配，如图4-1-20所示。

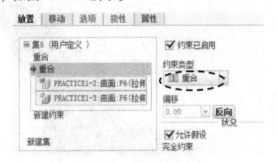

图4-1-19 元件放置操控面板

图4-1-20 面与面"重合"约束

5. 装配螺母

1）单击"模型"选项卡"元件"区域中的"组装"按钮，系统弹出"文件打开"

对话框，选择需要装配的元件"螺母"，单击对话框中的"打开"按钮。

2）系统将弹出元件放置操控面板，添加装配约束。

① 添加轴线重合约束。选取元件"螺母"的内孔轴线，然后再选取元件"螺栓"的轴线或"连接件2"的内孔轴线，如图4-1-21所示。

注意：装配时，需选中"视图控制"工具条"基准显示过滤器"中的"轴显示"复选框，如图4-1-22所示。

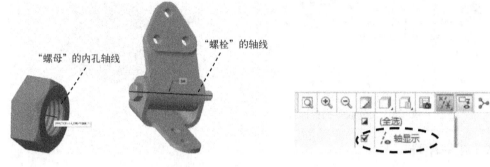

图4-1-21 选取装配参照　　　　　　图4-1-22 "轴显示"复选框

单击操控面板上的"放置"按钮，在其下滑面板上选取约束类型"重合"，如图4-1-23所示，完成轴线的重合约束，如图4-1-24所示。

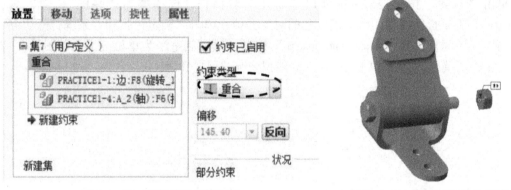

图4-1-23 元件放置操控面板　　　　　图4-1-24 轴线"重合"约束

② 添加面与面重合约束。添加完轴线"重合"约束后，为了便于选取参考对象，需移动元件"螺母"，可以采用组合键〈Ctrl + Alt + 鼠标右键〉。选取"螺母"的侧面，再选取"连接件2"外侧平面，如图4-1-25所示。

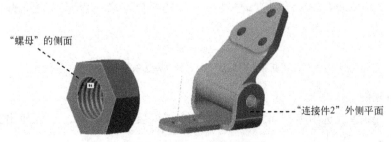

图4-1-25 选取装配参照

单击操控面板上的"放置"按钮，在其下滑面板上选取约束类型"重合"，如图 4-1-26 所示，完成面与面的重合约束，单击"完成"按钮 ✓，完成"螺母"元件的装配，如图 4-1-27 所示，最终完成机构组件的装配。

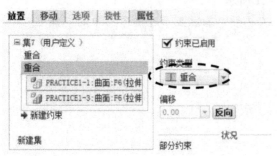
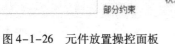

图 4-1-26 元件放置操控面板　　　　　图 4-1-27 面与面"重合"约束

4.1.2 任务注释

1. 创建组件

元件装配需要在 Creo 3.0 软件装配环境中进行，创建组件的具体操作步骤如下。

（1）新建文件

单击"新建"按钮 📄，系统弹出"新建"对话框，选择类型"装配"，输入名称"asm001"，将复选框"使用默认模板"的对勾去掉，单击"确定"按钮，系统打开"新文件选项"对话框，选择"mmns_asm_design"选项，以公制毫米为单位装配，如图 4-1-28 所示，单击"确定"按钮，进入 Creo 3.0 虚拟装配的用户界面。

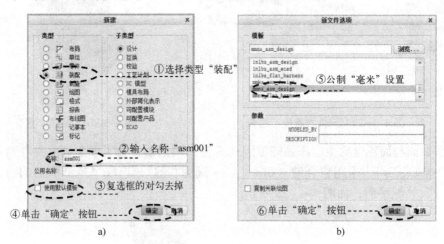

图 4-1-28 新建文件
a)"新建"对话框　b)"新文件选项"对话框

（2）添加元件

1）单击"模型"选项卡"元件"区域中的"组装"按钮 📂，系统弹出文件"打开"对话框，如图 4-1-29 所示。

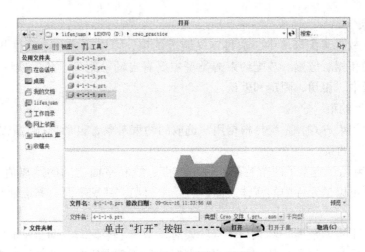

图 4-1-29 "打开"对话框

在"元件"区域中的"组装"按钮下拉菜单的命令说明如下:

◇ 组装:将已有的元件(零件、子装配或骨架模型)装配到装配环境中。

◇ 包括:在活动组件中包括未放置的元件。

◇ 封装:可将元件不加装配约束放置在装配环境中,是一种非参数形式的元件装配。

◇ 挠性:可以向所选的组件添加挠性元件,如弹簧等。

2)选择需要装配的元件,然后单击对话框中的"打开"按钮,系统将弹出元件放置操控面板,如图 4-1-30 所示,添加约束放置元件,完成元件的添加。

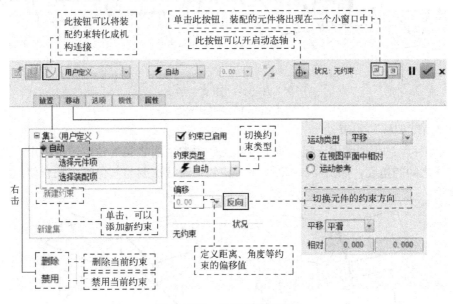

图 4-1-30 元件放置操控板

注意:

动态轴可以移动或转动未完全约束的元件。此外,使用组合键也可以实现。

◇〈Ctrl + Alt + 鼠标右键〉:平移装配元件。

◇〈Ctrl + Alt + 鼠标中键〉:旋转装配元件。

2. 装配约束

在 Creo 3.0 软件装配环境中，通过定义装配约束，可以确定一个元件相对组件中其他元件的放置方式和相对位置。装配约束的类型主要有自动、距离、角度偏移、平行、重合、法向、共面、居中、相切、固定和默认。

（1）"自动"约束

采用自动的约束方式，系统将根据用户选取的约束对象，自动选择约束方式进行装配。

（2）"距离"约束

"距离"约束用于定义了两个装配元件中的点、线和平面之间的距离值，如图 4-1-31 所示。约束对象可以是元件中的实体表面、边线、顶点、基准平面、基准轴和基准点，通常有如下情况：

◇ 平面与平面的"距离"约束——当约束对象是两个平面时，两个平面需平行。
◇ 直线与直线的"距离"约束——当约束对象是两条直线时，两条直线需平行。
◇ 直线与平面的"距离"约束——当约束对象是一条直线和一个平面时，直线和平面需平行。
◇ 共点、共线或共面——当距离值为 0 时，所选对象将重合、共点、共线或共面。

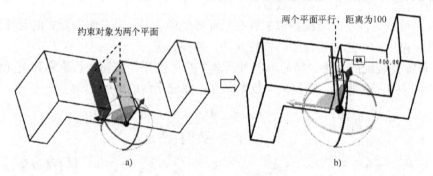

图 4-1-31 "距离"约束
a）约束前 b）约束距离为 100

（3）"角度偏移"约束

"角度偏移"约束通常用于定义两个装配元件中的平面之间的角度，也可用于约束线与线、线与面之间的角度，如图 4-1-32 所示，该约束通常需要与其他约束配合使用，才能准确定位角度。

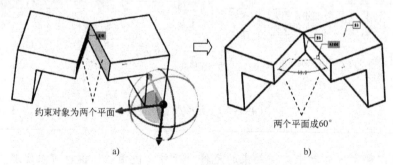

图 4-1-32 "角度偏移"约束
a）约束前 b）约束角度偏移角度为 60

（4）"平行"约束

"平行"约束通常用于定义两个装配元件中的平面平行，也可用于约束线与线、线与面平行，如图 4-1-33 所示。

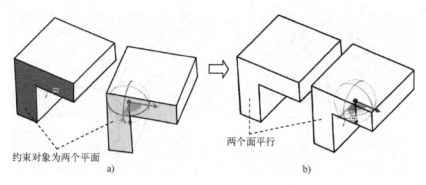

约束对象为两个平面　　　两个面平行
a)　　　　　　　　　　　　b)

图 4-1-33　"平行"约束
a）约束前　b）约束后

（5）"重合"约束

"重合"约束是装配中应用最多的一种约束，该约束可以定义两个装配元件中的点、线和面重合。图 4-1-34 为面与面的"重合"约束，该约束可以使两个面重合；图 4-1-35 为线与线的"重合"约束，该约束可以使轴线重合。"重合"约束也可实现线与面的重合，线与点的重合，以及面与点的重合。

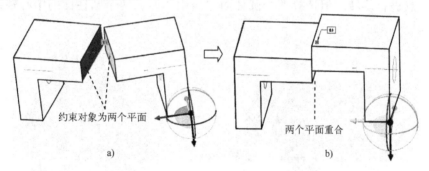

约束对象为两个平面　　　两个平面重合
a)　　　　　　　　　　　　b)

图 4-1-34　面与面的"重合"约束
a）约束前　b）约束后

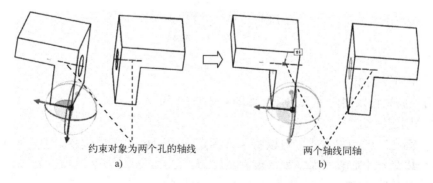

约束对象为两个孔的轴线　　　两个轴线同轴
a)　　　　　　　　　　　　b)

图 4-1-35　线与线的"重合"约束
a）约束前　b）约束后

（6）"法向"约束

"法向"约束可以使两个元件的直线或平面垂直，如图4-1-36所示。

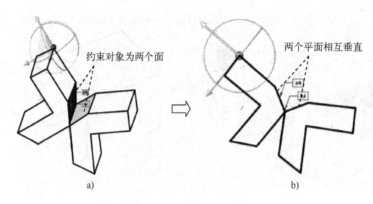

图 4-1-36 "法向"约束
a）约束前 b）约束后

（7）"共面"约束

"共面"约束可以使两个元件的两条直线或基准轴处于同一个平面。

（8）"居中"约束

"居中"约束可以控制两个坐标系的原点重合，但各坐标轴不重合，此时两个零件可以绕重合的原点进行旋转。但选择两个圆柱面"居中"时，两个圆柱面的中心轴线将重合，如图4-1-37所示。

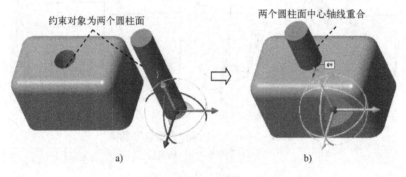

图 4-1-37 "居中"约束
a）约束前 b）约束后

（9）"相切"约束

"相切"约束可以使两个面相切，如图4-1-38所示。

（10）"固定"约束

采用"固定"的约束方式，可以将元件固定在图形区的当前位置。在虚拟装配时，可以将第一个装配元件实施"固定"约束方式。

（11）"默认"约束

"默认"约束也被称为"缺省"约束。采用该约束方式可以将元件上的默认坐标系与

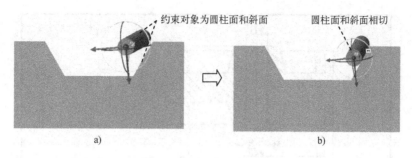

图 4-1-38 "相切"约束

a) 约束前 b) 约束后

装配环境的默认坐标系重合。在虚拟装配时,通常将第一个装配元件实施"默认"约束方式。

4.1.3 课后练习

根据零件图(图 4-1-40 ~ 图 4-1-43)完成如图 4-1-39 所示万向轮的虚拟装配。

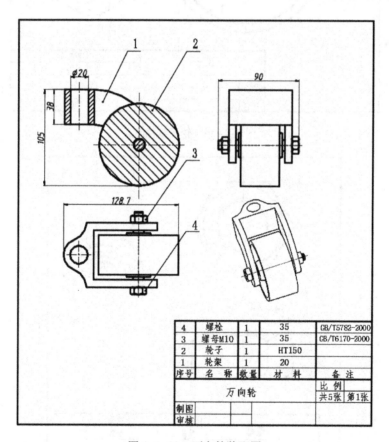

4	螺栓	1	35	GB/T5782-2000
3	螺母M10	1	35	GB/T6170-2000
2	轮子	1	HT150	
1	轮架	1	20	
序号	名 称	数量	材 料	备 注

万 向 轮	比 例	
	共5张	第1张
制图		
审核		

图 4-1-39 万向轮装配图

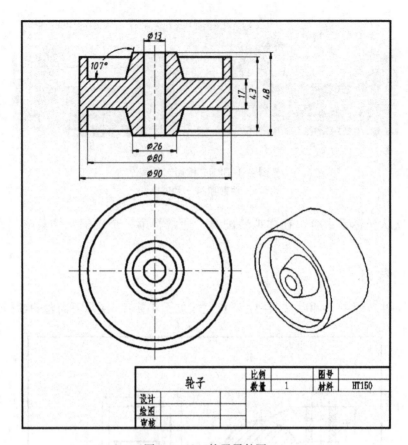

轮子	比例		图号	
	数量	1	材料	HT150
设计				
绘图				
审核				

图 4-1-40　轮子零件图

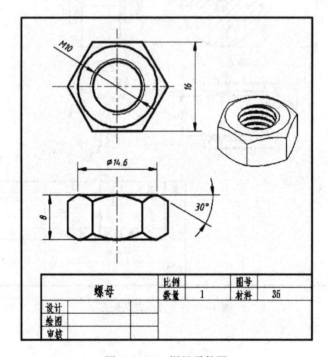

螺母	比例		图号	
	数量	1	材料	35
设计				
绘图				
审核				

图 4-1-41　螺母零件图

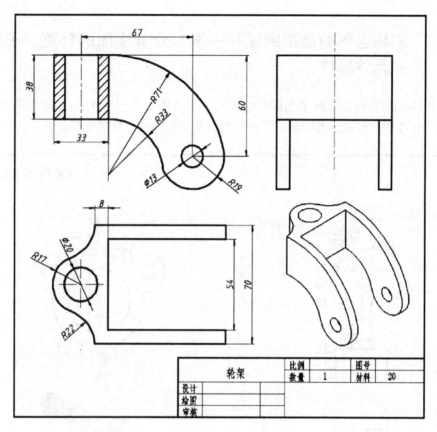

图 4-1-42　轮架零件图

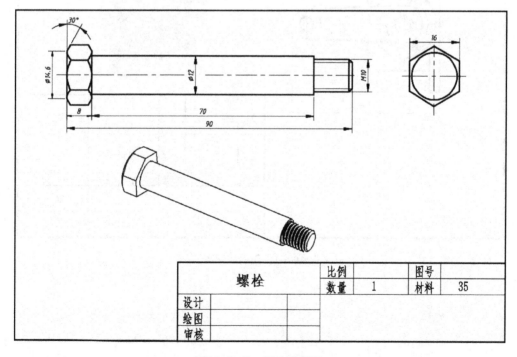

螺栓	比例		图号	
	数量	1	材料	35
设计				
绘图				
审核				

图 4-1-43　螺栓零件图

任务 4.2　机构组件的虚拟装配——学习分解视图的创建、干涉检查和元件操作

本任务将以如图 4-2-1 所示的阀门的虚拟装配（图 4-2-2～图 4-2-7 为零件图），说明 Creo 3.0 软件中分解视图的创建、干涉检查以及装配体中元件的操作。

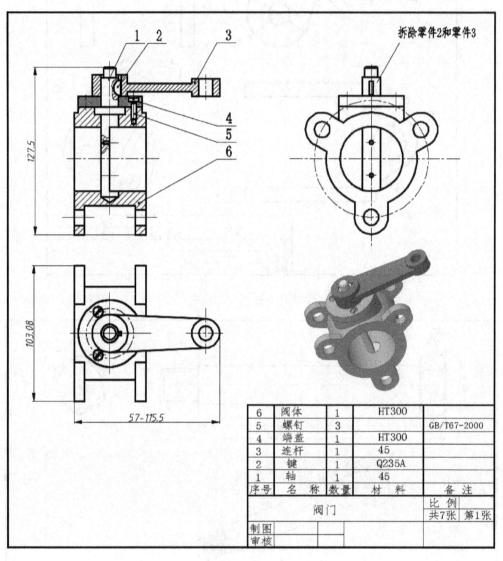

6	阀体	1	HT300	
5	螺钉	3		GB/T67-2000
4	端盖	1	HT300	
3	连杆	1	45	
2	键	1	Q235A	
1	轴	1	45	
序号	名　称	数量	材　料	备　注

图 4-2-1　阀门装配图

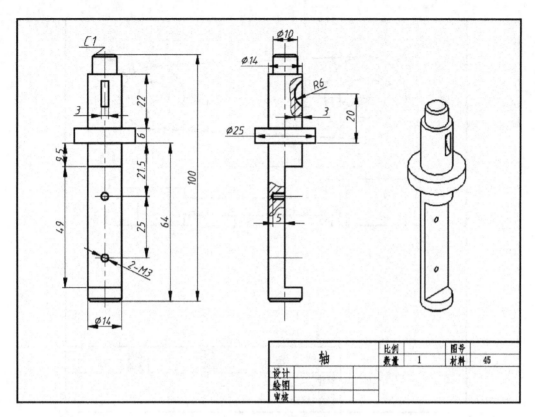

轴	比例		图号	
	数量	1	材料	45
设计				
绘图				
审核				

图 4-2-2 轴零件图

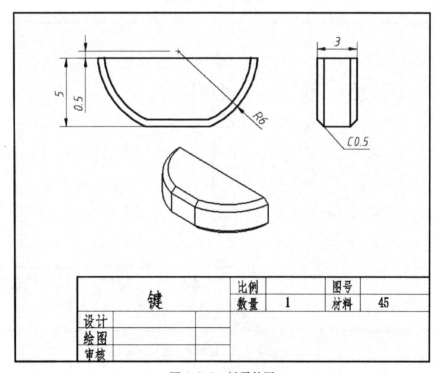

键	比例		图号	
	数量	1	材料	45
设计				
绘图				
审核				

图 4-2-3 键零件图

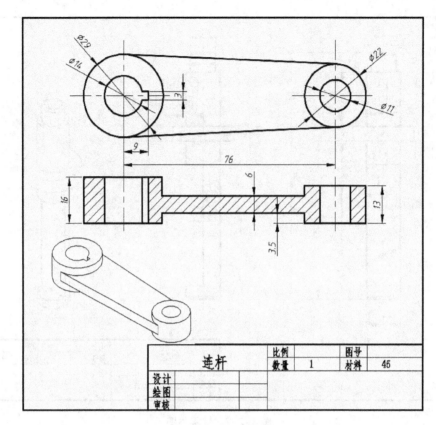

连杆	比例		图号	
	数量	1	材料	45
设计				
绘图				
审核				

图 4-2-4 连杆零件图

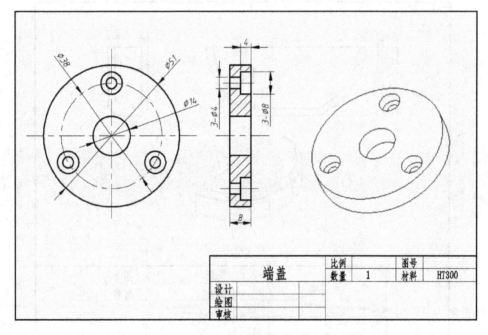

端盖	比例		图号	
	数量	1	材料	HT300
设计				
绘图				
审核				

图 4-2-5 端盖零件图

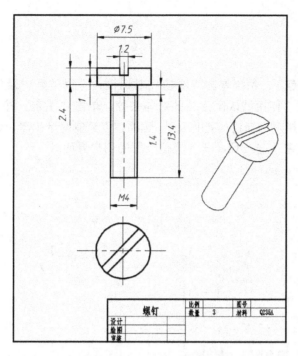

螺钉	比例		图号	
	数量	3	材料	Q235A
设计				
绘图				
审核				

图 4-2-6　螺钉零件图

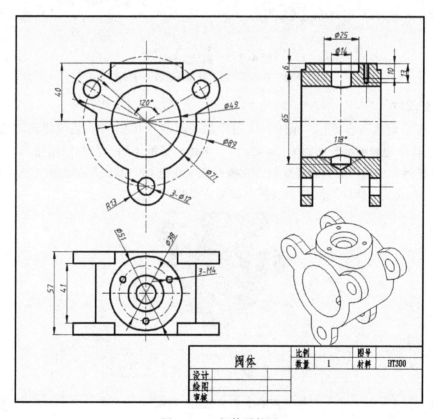

阀体	比例		图号	
	数量	1	材料	HT300
设计				
绘图				
审核				

图 4-2-7　阀体零件图

4.2.1 任务学习

1. 新建文件

单击"新建"按钮▣，系统弹出"新建"对话框，选择类型"装配"，输入名称"4 - 2practice"，将复选框"使用默认模板"的对勾去掉，单击"确定"按钮，系统打开"新文件选项"对话框，选择"mmns_asm_design"选项，以公制毫米为单位装配，如图4-2-8所示，单击"确定"按钮，进入Creo 3.0虚拟装配的用户界面。

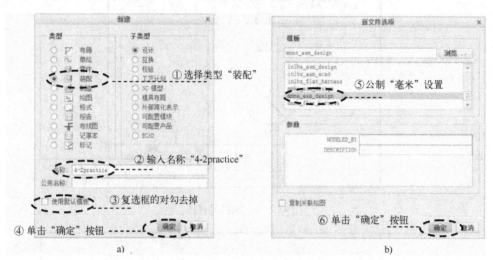

图4-2-8　新建文件

a)"新建"对话框　b)"新文件选项"对话框

2. 装配阀体

1）单击"模型"选项卡"元件"区域中的"组装"按钮▣，系统弹出"文件打开"对话框，选择需要装配的元件阀体"4-2-7"，单击对话框中的"打开"按钮。

2）系统将弹出元件放置操控面板，在操控面板中选择"默认"的约束方式，单击"完成"按钮▣，完成"阀体"元件的装配，如图4-2-9所示。

图4-2-9　"默认"约束

注意：通常装配第一个元件都采用"默认"方式装配。

3. 装配轴

1）单击"模型"选项卡"元件"区域中的"组装"按钮 🔄，系统弹出"文件打开"对话框，选择需要装配的元件轴"4-2-2"，单击对话框中的"打开"按钮。

2）系统将弹出元件放置操控面板，添加装配约束。

① 添加轴线重合约束。选取元件"轴"的外圆柱表面，然后再选取元件"阀体"的内孔表面，系统会自动采用"重合"约束方式，如图 4-2-10 所示。

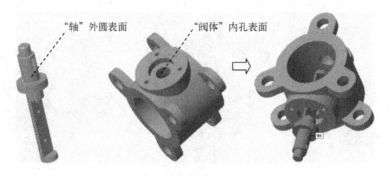

图 4-2-10　轴线"重合"约束

② 添加面与面重合约束。添加完轴线"重合"约束后，为了便于选取参考对象，需移动元件"轴"，可以采用组合键〈Ctrl + Alt + 鼠标右键〉。选取"轴"上 $\phi25$ 的轴环端面，再选取"阀体"上 $\phi25$ 的内孔下表面，如图 4-2-11 所示。

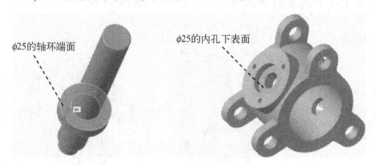

图 4-2-11　选取装配参照

单击操控面板上的"放置"按钮，在其下滑面板上选取约束类型"重合"，如图 4-2-12 所示，完成面与面的重合约束，单击"完成"按钮 ✓，完成"轴"元件的装配，如图 4-2-13 所示。

图 4-2-12　元件放置操控面板

图 4-2-13　面与面"重合"约束

4. 装配端盖

1）单击"模型"选项卡"元件"区域中的"组装"按钮 🖳，系统弹出"文件打开"对话框，选择需要装配的元件端盖"4-2-5"，单击对话框中的"打开"按钮。

2）系统将弹出元件放置操控面板，添加装配约束。

① 添加轴线重合约束。选取元件"轴"的外圆柱表面，然后再选取元件"端盖"的内孔表面，系统会自动采用"重合"约束方式，如图4-2-14所示。

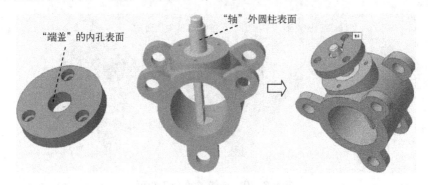

图4-2-14　轴线"重合"约束

② 添加 $\phi 8$ 轴线重合约束。选取元件"端盖"上的 $\phi 8$ 圆孔的内表面，然后再选取元件"阀体"上的 M4 螺纹孔内表面（或者选取螺纹孔的轴线），单击操控面板上的"放置"按钮，在其下滑面板上选取约束类型"重合"，如图4-2-15所示。

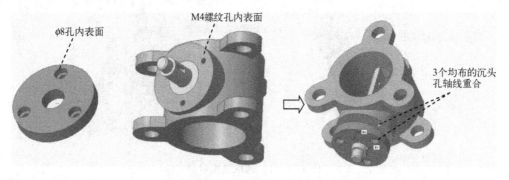

图4-2-15　沉头孔轴线"重合"约束

③ 添加面与面重合约束。继续添加第3个约束，单击操控面板上的"放置"按钮，在其下滑面板上单击"新建约束"按钮，为了便于选取参考对象，需移动元件"轴"，可以采用组合键〈Ctrl + Alt + 鼠标右键〉。选取"端盖"下表面，再选取"阀体"上平面，单击操控面板上的"放置"按钮，在其下滑面板上选取约束类型"重合"，完成面与面的重合约束，单击"完成"按钮 ✓，完成"端盖"元件的装配，如图4-2-16所示。

5. 装配螺钉

（1）装配单个螺钉

与步骤2装配轴类似，利用"轴线重合约束"限制螺钉轴线与端盖沉头孔轴线重合，再利用"面与面重合约束"限制螺钉的螺帽下表面与沉头孔 $\phi 8$ 的下表面接触，完成单个螺钉"4-2-6"的装配，如图4-2-17所示。

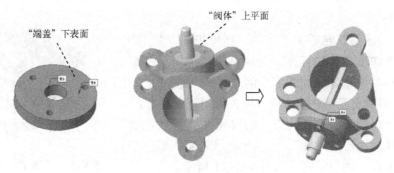

图4-2-16　面与面"重合"约束

（2）螺钉的阵列　　　　　　　　　　　　　　　　　　——元件的操作【1】

① 在模型树中选择"4-2-6"螺钉，如图4-2-18所示。

② 单击"模型"选项卡"编辑"区域中的"阵列"按钮 ⊞ 阵列 。

③ 系统弹出"阵列"特征操控板，选择"轴"选项。

④ 选取基准轴线。

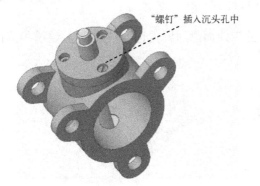

图4-2-17　单个螺钉的装配

图4-2-18　模型树选取"螺钉"

注意：装配时，需选中"视图控制"工具条"基准显示过滤器"中的"轴显示"复选框。

⑤ 输入第一个方向成员的阵列数量"3"，设置阵列角度360。

⑥ 单击"完成"按钮 ✓ ，如图4-2-19所示，完成螺钉阵列的创建，如图4-2-20所示。

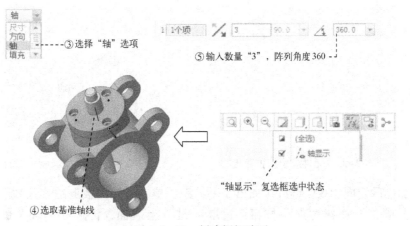

图4-2-19　创建螺钉阵列

6. 装配键

1）单击"模型"选项卡"元件"区域中的"组装"按钮，系统弹出"文件打开"对话框，选择需要装配的元件键"4-2-3"，单击对话框中的"打开"按钮。

2）系统将弹出元件放置操控面板，添加装配约束。

① 添加 R6 圆弧面重合约束。选取元件"键"的圆弧面，然后再选取元件"轴"上键槽的圆弧面，系统会自动采用"重合"约束方式，如图 4-2-21 所示。

图 4-2-20　螺钉的阵列效果图

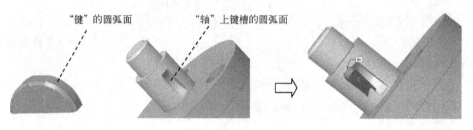

图 4-2-21　R6 圆弧面"重合"约束

② 添加面与面重合约束。选取"键"的工作面侧面，再选取"轴"上键槽的侧面，如图 4-2-22 所示。

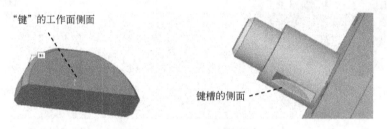

图 4-2-22　选取装配参照

单击操控面板上的"放置"按钮，在其下滑面板上选取约束类型"重合"，如图 4-2-23 所示，完成面与面的重合约束，如图 4-2-24 所示。

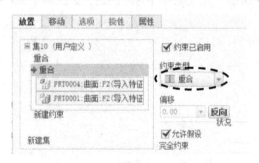

图 4-2-23　元件放置操控面板

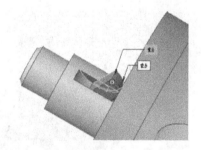

图 4-2-24　面与面"重合"约束

③ 添加面的定向约束。继续添加第 3 个约束，单击操控面板上的"放置"按钮，在其下滑面板上单击"新建约束"按钮，选取"键"上表面，再选取"轴"的左端面，如图 4-2-25 所示。

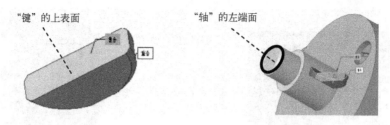

图 4-2-25　选取装配参照

单击操控面板上的"放置"按钮，在其下滑面板上选取约束类型"法向"，完成面与面的垂直定向，单击"完成"按钮 ✓ ，完成"键"元件的装配，如图 4-2-26 所示。

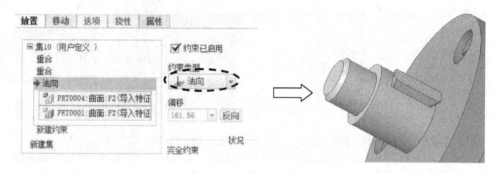

图 4-2-26　面的法向约束

7. 装配连杆

1）单击"模型"选项卡"元件"区域中的"组装"按钮 🗂 ，系统弹出"文件打开"对话框，选择需要装配的元件连杆"4-2-4"，单击对话框中的"打开"按钮。

2）系统将弹出元件放置操控面板，添加装配约束。

① 添加轴线重合约束。选取元件"连杆"的内孔表面，然后再选取元件"轴"外圆柱面，系统会自动采用"重合"约束方式，如图 4-2-27 所示。

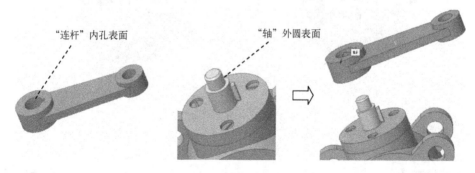

图 4-2-27　轴线"重合"约束

② 添加面与面重合约束。选取"键"的工作面侧面，再选取"连杆"上键槽的侧面，如图 4-2-28 所示。

单击操控面板上的"放置"按钮，在其下滑面板上选取约束类型"重合"，如图 4-2-29 所示，完成面与面的重合约束，如图 4-2-30 所示。

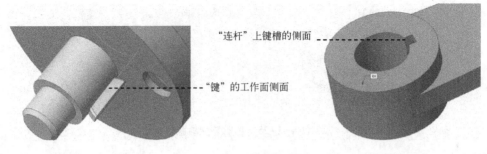

图 4-2-28　选取装配参照

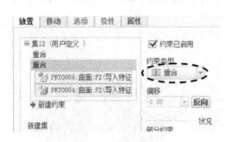

图 4-2-29　元件放置操控面板

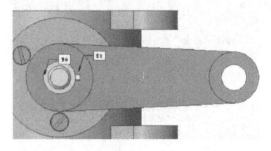

图 4-2-30　面与面"重合"约束

③ 添加面与面重合约束。继续添加第 3 个约束，单击操控面板上的"放置"按钮，在其下滑面板上单击"新建约束"按钮，选取"连杆"的下端面，再选取"端盖"的上表面，限制面与面接触，最终完成连杆的装配，如图 4-2-31 所示。

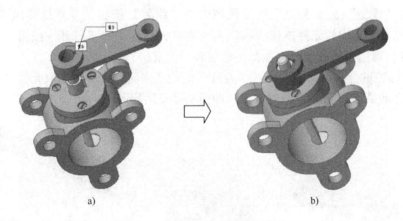

图 4-2-31　面与面"重合"约束
a）约束前　b）约束后

8. 干涉检查　　　　　　　　　　　　　　　　　　　　　——干涉检查【2】

1）阀门装配完毕后，单击"分析"选项卡"检查几何"区域中"全局干涉"按钮。

2）系统弹出"全局干涉"对话框，在"分析"选项卡的"设置"区域中，"仅零件"按钮被默认选中，单击"预览"按钮，计算当前分析，如图 4-2-32 所示。

3）在"分析"选项卡的结果区域中，可以查看干涉检查结果：干涉的零件名称以及干涉的体积大小。若装配体中没有干涉的元件，则系统在信息区显示"没有干涉零件"。

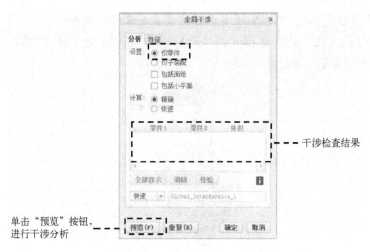

图 4-2-32 "全局干涉"对话框

9. 创建分解视图 ——创建分解视图【3】

1）单击"视图控制"工具条中的"视图管理器"按钮 ◙，系统弹出"视图管理器"对话框。

2）单击"分解"选项卡中"新建"按钮，输入分解的名称"FAMEN-01"（自行定义分解名称），按〈Enter〉键确定。

3）单击"属性"按钮，在"视图管理器"对话框中单击"编辑位置"按钮 ⬚，系统弹出"分解工具"操控板。

4）在"分解工具"操控板中单击"平移"按钮 ⬚，选取连杆，单击动态坐标系中连杆的法线方向，进行移动操作，如图4-2-33所示。

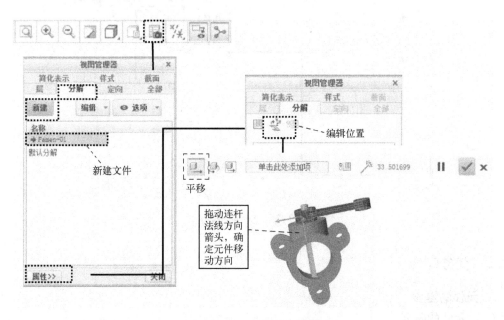

图 4-2-33 创建分解视图

注意：按住〈Ctrl〉键，可以实现多选，完成多个零件同步移动。

5）利用同样的方法，依次选择元件进行移动分解，完成分解移动后，单击"分解工具"操控板上的"确定"按钮✓，如图4-2-34所示。

图4-2-34　阀门的分解视图

6）保存分解视图。

①在"视图管理器"对话框中单击《... 按钮。

②在"视图管理器"对话框中单击"编辑"按钮下拉箭头，单击其中的"保存"按钮。

③在"保存显示元素"对话框中单击"确定"按钮。

④单击"视图管理器"对话框中的"关闭"按钮，完成分解视图的保存，如图4-2-35所示。

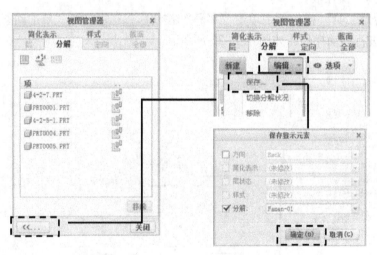

图4-2-35　保存分解视图

4.2.2　任务注释

1. 元件的操作

（1）元件的阵列

在Creo 3.0软件中，可以对装配后的元件进行阵列，以图4-2-36～图4-2-38为例说

214

明操作过程。

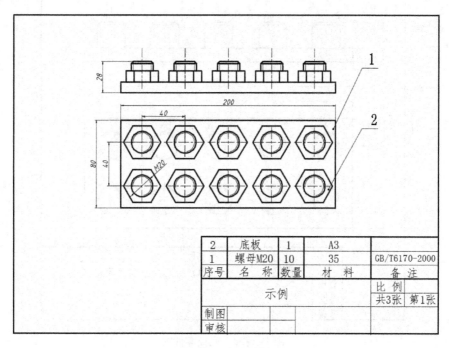

图 4-2-36　示例

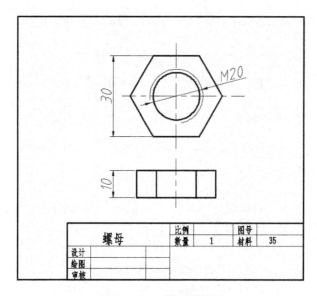

图 4-2-37　螺母零件图

1）单一螺母装配。

① 新建文件。单击"新建"按钮 ，系统弹出"新建"对话框，选择类型"装配"，输入名称"luomu_asm"，将复选框"使用默认模板"的对勾去掉，单击"确定"按钮，系统进入"新文件选项"对话框，选择"mmns_asm_design"选项，以公制毫米为单位装配，如图4-2-39所示，单击"确定"按钮，进入 Creo 3.0 虚拟装配的用户界面。

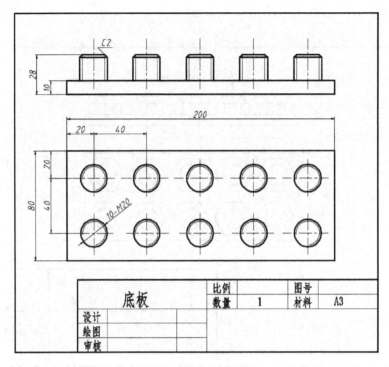

图 4-2-38　底板零件图

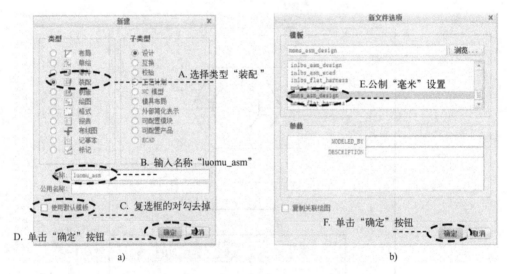

图 4-2-39　新建文件

a)"新建"对话框　b)"新文件选项"对话框

② 装配底板。

a. 单击"模型"选项卡"元件"区域中的"组装"按钮🗍,系统弹出"文件打开"对话框,选择需要装配的元件"底板",单击对话框中的"打开"按钮,如图 4-2-40 所示。

b. 系统将弹出元件放置操控面板,在操控面板中选择"默认"的约束方式,单击"完

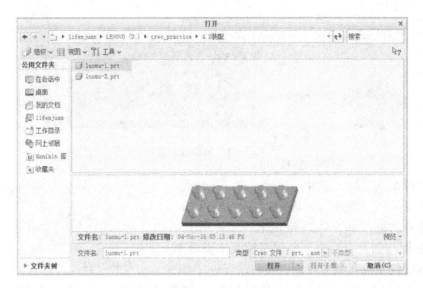

图 4-2-40 "打开"对话框

"成"按钮 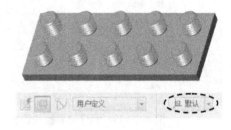，完成"底板"元件的装配，如图 4-2-41 所示。

注意：通常装配第一个元件都采用"默认"方式装配。

③ 装配单个螺母。

a. 单击"模型"选项卡"元件"区域中的"组装"按钮，系统弹出"文件打开"对话框，选择需要装配的元件"螺母"，单击对话框中的"打开"按钮，如图 4-2-42 所示。

图 4-2-41 "默认"约束

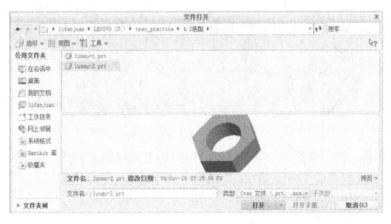

图 4-2-42 "打开"对话框

b. 添加轴线重合约束。选取元件"底板"的螺柱的轴线，然后再选取元件"螺母"的内孔的轴线，如图 4-2-43 所示。

注意：装配时应选中"视图控制"工具条"基准显示过滤器"中"轴显示"复选框，如图 4-2-44 所示。

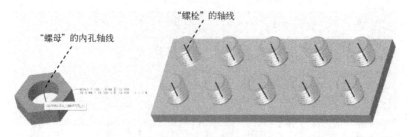

图 4-2-43　选取装配参照

　　单击操控面板上的"放置"按钮，在其下滑面
板上选取约束类型"重合"，如图 4-2-45 所示，完
成轴线的重合约束，如图 4-2-46 所示。

图 4-2-44　"轴显示"复选框

　　c. 添加面与面重合约束。添加完轴线"重合"
约束后，为了便于选取参考对象，需移动元件"螺
母"，可以采用组合键〈Ctrl + Alt + 鼠标右键〉。选取"螺母"的侧面，再选取"底板"上
表面，如图 4-2-47 所示。

图 4-2-45　元件放置操控面板

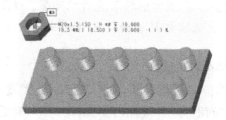

图 4-2-46　轴线"重合"约束

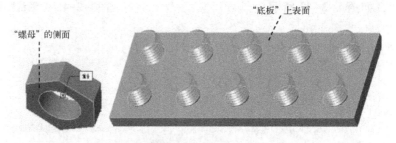

图 4-2-47　选取装配参照

　　单击操控面板上的"放置"按钮，在其下滑面板上选取约束类型"重合"，如图 4-2-48
所示，完成面与面的重合约束，单击"完成"按钮 ✔，完成"螺母"元件的装配，如
图 4-2-49 所示，完成单个螺母的装配。

图 4-2-48　元件放置操控面板

图 4-2-49　面与面"重合"约束

2）螺母的阵列。

① 在模型树中选择"LUOMU－2"螺母，如图 4-2-50 所示。

② 单击"模型"选项卡"编辑"区域中的"阵列"按钮 阵列 。

③ 系统弹出"阵列"特征操控板，选择"方向"选项。

图 4-2-50　模型树选取"螺母"

④ 选取底板的长边作为第一个方向，输入数量"5"，输入第一个方向阵列成员间的间距 40。

⑤ 单击"单击此处添加"文本框，添加第二个方向，选取组合体底边的短边作为第二个方向，输入数量"2"，输入第二个方向阵列成员间的间距 40。

⑥ 单击"完成"按钮 ，如图 4-2-51 所示，完成螺母阵列的创建，如图 4-2-52 所示。

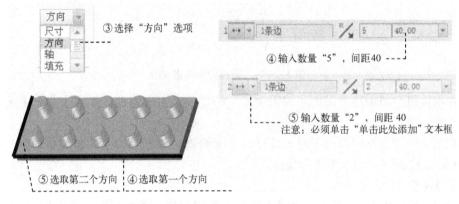

图 4-2-51　创建螺母阵列

（2）元件的激活

当激活元件时，元件所创建的特征都会进到元件中，相当于在零件模式下进行特征操作。激活元件的具体操作如图 4-2-53 所示。

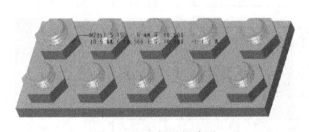

图 4-2-52　螺母的阵列

图 4-2-53　激活操作

① 在组件模型树中选择需激活的元件，或者在图形区域选取零件。

② 鼠标右击零件，在右键快捷菜单中选择"激活"命令。

注意：在元件操作完毕后，若激活组件，操作方法与激活元件的方法一样，即鼠标右击组件，在右键快捷菜单中选择"激活"命令。

（3）元件的打开

Creo软件中可以在装配环境中直接打开元件。操作方法：在组件模型树中右击元件，然后在快捷菜单中选择"打开"命令，即可打开元件。

（4）元件的删除

Creo软件中可以在组件中直接删除装配元件。操作方法：在组件模型树中右击元件，然后在快捷菜单中选择"删除"命令，即可删除元件。

（5）元件的编辑定义

如需重新定义元件的约束方式，可以通过"编辑定义"命令修改元件的装配方式。操作方法如图4-2-54所示。

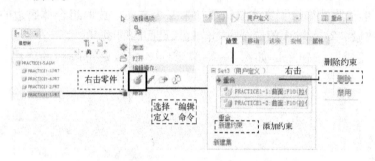

图4-2-54　元件的编辑定义

① 在组件模型树中选择需要"编辑定义"的零件，右击零件，在快捷菜单中选择"编辑定义"命令。

② 在元件的装配操作面板中对元件进行装配编辑，如删除约束或添加新约束，可以在操作面板的"放置"选项卡中进行操作。

2. 干涉检查

在实际的产品设计中，产品中的各个零件组装完成后，需考虑各个零部件之间是否存在干涉。仍以图4-2-55为例说明简单的装配体干涉检查的一般步骤。

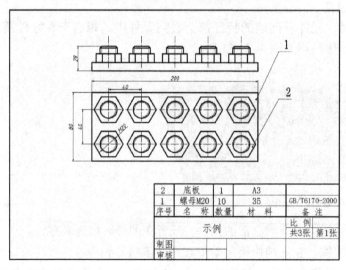

图4-2-55　示例

① 装配完毕后，单击"分析"选项卡"检查几何"区域中"全局干涉"按钮。

② 系统弹出"全局干涉"对话框，在"分析"选项卡的"设置"区域中，"仅零件"按钮被默认选中，单击"预览"按钮，计算当前分析，如图4-2-56所示。

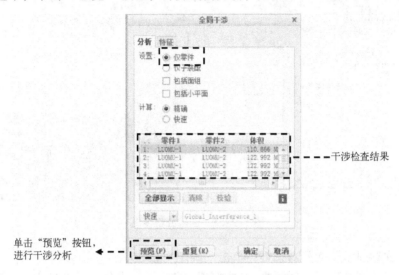

图4-2-56 "全局干涉"对话框

③ 在"分析"选项卡的结果区域中，可以查看干涉检查结果：干涉的零件名称以及干涉的体积大小。单击相应干涉项，可以在模型上看到干涉的部位以棕红色加亮方式显示。若装配体中没有干涉的元件，则系统在信息区显示"没有干涉零件"。

3. 创建分解视图

分解视图也叫爆炸视图，是指将装配体中的各个零部件沿着直线或坐标轴移动或旋转，使各个零件从装配体中分解出来。分解视图有利于表达各个元件的相对位置，通常用于表达装配体的装配过程或装配体的构成。

仍以图4-2-55为例说明分解视图的创建与取消的一般操作步骤。

（1）创建分解视图

① 单击"视图控制"工具条中的"视图管理器"按钮 ，系统弹出"视图管理器"对话框。

② 单击"分解"选项卡中的"新建"按钮，输入分解的名称"LUOSHUAN-01"（自行定义分解名称），按〈Enter〉键确定。

③ 单击"属性"按钮，在"视图管理器"对话框中单击"编辑位置" 按钮，系统弹出"分解工具"操控板。

④ 在"分解工具"操控板中单击"平移"按钮 ，按住〈Ctrl〉键，选取所有的螺母，单击动态坐标系"向上"方向，进行移动操作。

⑤ 完成分解移动后，单击"分解工具"操控板上"确定" 按钮，如图4-2-57所示。

（2）保存分解视图

① 在"视图管理器"对话框中单击 按钮。

② 在"视图管理器"对话框中单击"编辑"按钮下拉箭头，单击其中的"保存"按钮。

221

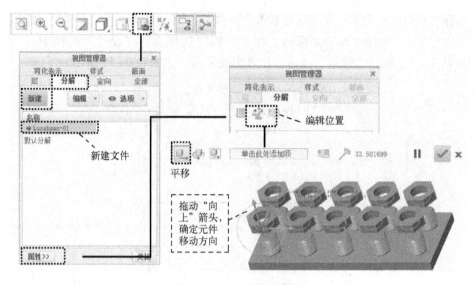

图 4-2-57　创建分解视图

③ 在"保存显示元素"对话框中单击"确定"按钮。

④ 单击"视图管理器"对话框中"关闭"按钮,完成分解视图的保存,如图 4-2-58 所示。

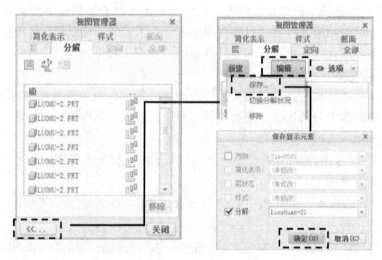

图 4-2-58　保存分解视图

(3) 取消分解状态

单击"视图"选项卡"模型显示"区域中的"分解图"按钮,可以取消分解视图的分解状态。

(4) 设定活动的分解状态

用户可以为装配体设定多个分解状态,根据需要将某个分解状态设置为当前工作区中。操作方法:在"视图管理器"对话框的"分解"选项卡中,双击相应的视图名称,即完成分解状态的设定。

项目 5　工程图的创建

任务 5.1　支座的工程图创建（一）——学习视图表达方法的创建

在 Creo 软件中，可以创建三维模型的工程图，将三维模型中详细的设计尺寸、设计参数等传递到工程图中，实现三维模型与二维制图的相关性。本任务将以如图 5-1-1 所示支座的工程图创建，说明 Creo 3.0 软件中视图表达方法的创建方法。

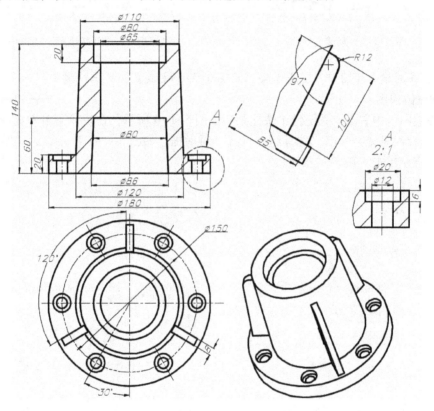

图 5-1-1　支座

5.1.1　任务学习

1. 新建文件　　　　　　　　　　　　　　　　　　　　——新建工程图文件【1】

单击"新建"按钮▧，系统弹出"新建"对话框，选择类型"绘图"，在"名称"文本框中输入文件名，单击"确定"按钮，如图 5-1-2 所示。系统进入"新建绘图"对话框，指定模板设置为"空"，方向"横向"，大小"A2"图幅，如图 5-1-3 所示，单击"确定"按钮，进入 Creo 3.0 工程图的用户界面。

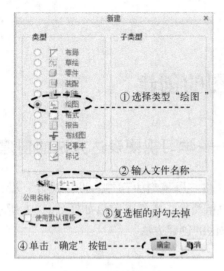

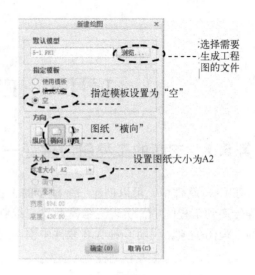

图 5-1-2　新建文件　　　　　　　　　图 5-1-3　"新建绘图"对话框

注意：在创建工程图前，首先需要根据图 5-1-1 完成支座的三维建模。

2. 创建俯视图　　　　　　　　　　　　　　　　　　　　　——视图创建【2】

1）在绘图区中右击，系统弹出快捷菜单如图 5-1-4 所示，在快捷菜单中选择"常规视图"命令，此时系统会弹出"选择组合状态"对话框，如图 5-1-5 所示，系统默认"无组合状态"，直接单击"确定"按钮。

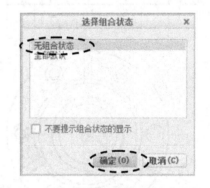

图 5-1-4　快捷菜单　　　　　　　　图 5-1-5　"选择组合状态"对话框

说明：

◇ 进入"常规视图"的方法有两种。第一种方法是在绘图区中右击，系统弹出快捷菜单，在快捷菜单中选择"常规视图"命令；第二种方法是单击"布局"选项卡"模型视图"区域中"常规视图"按钮。

◇ 如果在"新建绘图"对话框中没有选取模型或默认模型为空，在执行"常规视图"命令后，系统会弹出一个"文件打开"对话框，让用户选择一个三维模型来创建工程图。

2）在绘图区任意选择一点单击，此时系统会出现默认的零件轴测图，如图 5-1-6 所示，并弹出"绘图视图"对话框，如图 5-1-7 所示。

图 5-1-6 支座轴测图

图 5-1-7 "绘图视图"对话框

3）视图定位。在"绘图视图"对话框中，选择"类别"区域下的"视图类型"选项卡，在该选项卡的"模型视图名"下拉列表框中选择视图，如图 5-1-8 所示，单击"应用"按钮查看选取视图是否为所需视图，若不是所需视图，继续选择，单击"应用"按钮查看，如图 5-1-9 所示。

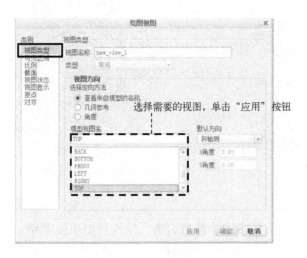

图 5-1-8 视图类型

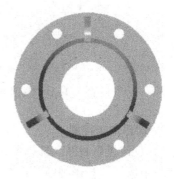

图 5-1-9 定位的视图

4）视图显示。

① 定制比例。在"绘图视图"对话框"类别"区域下的"比例"选项卡中，选中"自定义比例"按钮，并输入比例值"1"，单击"应用"按钮，如图 5-1-10 所示。

② 视图显示。在"绘图视图"对话框中，在"类别"区域下的"视图显示"选项卡中，"显示样式"设置为"消隐"样式，"相切边显示样式"设置为"无"样式，如图 5-1-11 所示，单击"确定"按钮，关闭对话框，完成视图显示设置，如图 5-1-12 所示。

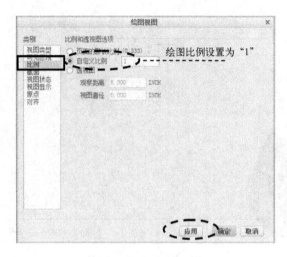

图 5-1-10　定制比例

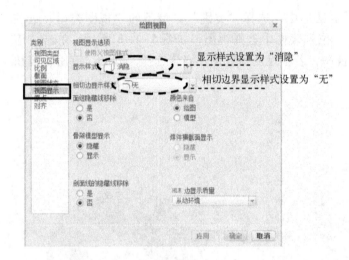

图 5-1-11　视图显示设置

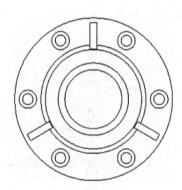

图 5-1-12　视图显示

3. 创建全剖视图

1）创建投影视图。选择图 5-1-12 所示俯视图，然后右击，系统弹出快捷菜单，在快捷菜单中选择"投影视图"命令，如图 5-1-13 所示，特别注意：在俯视图的下边选择任意一点放置，则会生成主视图，如图 5-1-14 所示。

说明：

◇ 进入"投影视图"的方法有两种。一是在绘图区中右击，系统弹出快捷菜单，在快捷菜单中选择"投影视图"命令；第二种方法是单击"布局"选项卡"模型视图"区域中"投影视图"按钮。

◇ Creo 软件投影关系符合第三角投影法。因此，本项目中需在俯视图下方选择任意一点放置，才会生成主视图。

2）视图移动。刚创建的主视图需向上移动。若视图被锁定了，则不能移动视图，只有取消锁定后才能移动。操作方法：单击选取主视图，然后右击系统弹出快捷菜单，在快捷菜单中查看"锁定视图移动"命令是否启用，如图 5-1-15 所示。取消锁定，将主视图移动到俯视图的上方，调整视图间距，如图 5-1-16 所示。

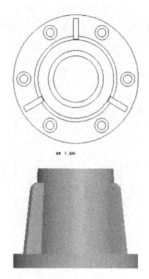

图 5-1-13　快捷菜单　　　　　　　　图 5-1-14　创建主视图

先选取视图，然后拖动视图可实现视图移动

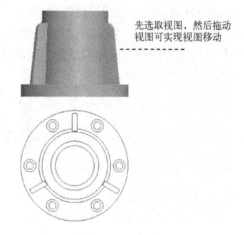

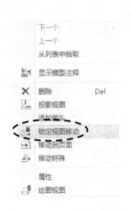

图 5-1-15　快捷菜单　　　　　　　　图 5-1-16　移动视图

3）创建全剖视图。双击主视图，系统会弹出"绘图视图"对话框。

① 在"绘图视图"对话框中，选择"类别"区域下的"截面"选项卡，"截面选项"设置为"2D 横截面"。

② 单击 + 按钮，在"名称"下拉列表中选择"新建…"，系统弹出"菜单管理器"。

③ 单击"完成"按钮，系统弹出"输入横截面名"对话框，在对话框中输入"A"，单击 按钮，系统弹出"菜单管理器"，提示选取剖切平面。

④ 选取绘图区中的俯视图的对称平面作为剖切平面。

⑤ 在"绘图视图"对话框中，在"剖切区域"下拉列表中选择"完整"，如图 5-1-17 所示。

⑥ 单击"应用"按钮，完成全剖视图的创建，如图 5-1-18 所示。

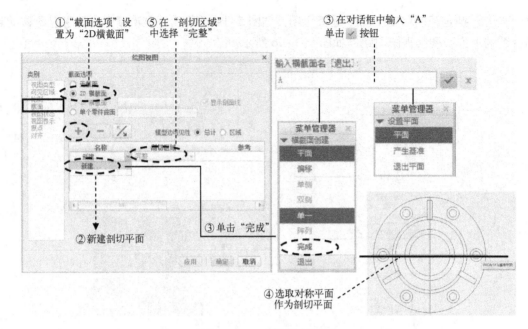

①"截面选项"设置为"2D横截面"
⑤在"剖切区域"中选择"完整"
③在对话框中输入"A"单击 ✓ 按钮
②新建剖切平面
③单击"完成"
④选取对称平面作为剖切平面

图 5-1-17　创建全剖视图

4）视图显示。在"绘图视图"对话框"类别"区域下的"视图显示"选项卡中，"显示样式"设置为"消隐"样式，"相切边显示样式"设置为"无"样式，如图 5-1-19 所示，单击"确定"按钮，关闭对话框，完成视图显示设置，如图 5-1-20 所示。

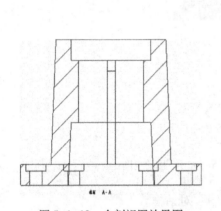

图 5-1-18　全剖视图效果图

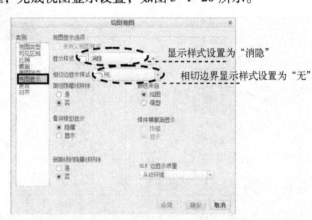

显示样式设置为"消隐"
相切边界显示样式设置为"无"

图 5-1-19　视图显示设置

4. 创建局部放大视图

1）创建局部放大视图。单击"布局"选项卡"模型视图"区域中"详细视图"按钮，在全剖视图上任意选择要查看细节的中心点，草绘样条，定义要进行局部放大的轮廓线，按鼠标中键结束轮廓线的绘制，在绘图区任意位置单击，确定局部放大视图放置的位置，如图 5-1-21 所示。

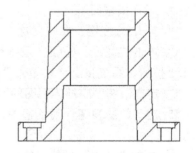

图 5-1-20　视图显示

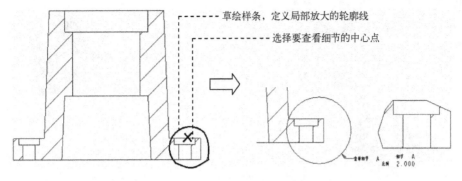

图5-1-21　创建局部放大视图

说明：若视图为被选中状态，则"详细视图"命令可能未激活状态，因此，在创建局部放大视图之前，应确认没有视图被选中。

2）剖面线修改。双击局部放大视图中的剖面线，系统会弹出"菜单管理器"，选择【独立详图】、【剖面线】、【间距】命令，在"修改模式"中选择"半倍"，单击"完成"按钮，完成剖面线修改，如图5-1-22所示。

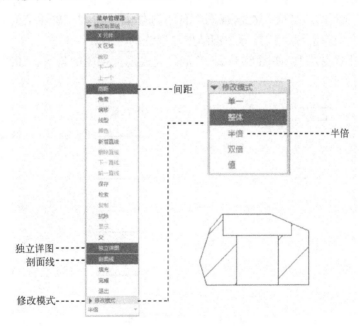

图5-1-22　修改剖面线

5. 创建斜视图

1）创建斜视图。单击"布局"选项卡"模型视图"区域中的"辅助视图"按钮；在视图上选择斜面，在俯视图的左下方拖动生成斜视图，如图5-1-23所示。

2）视图移动。将刚创建的斜视图向右上方移动。若视图被锁定了，则不能移动，只有取消锁定后才能移动。操作方法：单击选取斜视图，然后右击系统弹出快捷菜单，在快捷菜单中查看"锁定视图移动"按钮是否启用。取消锁定，将斜视图移动到俯视图的右上方，调整视图间距，如图5-1-24所示。

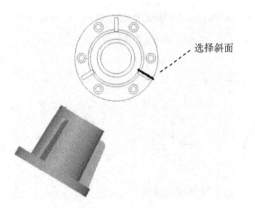

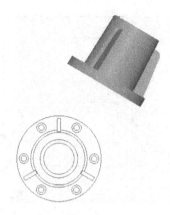

图 5-1-23　斜视图　　　　　　　　　　图 5-1-24　视图移动

注意：Creo 软件投影关系符合第三角投影法。

3）创建局部视图。

① 双击斜视图，系统弹出"绘制视图"对话框，选择"类别"区域下的"可见区域"选项卡，将"视图可见性"设置为"局部视图"。

② 绘制局部视图的边界线。在斜视图上任意选择要查看细节的中心点，草绘样条，定义要进行局部放大的轮廓线，按鼠标中键结束轮廓线的绘制。

③ 单击"应用"按钮，如图 5-1-25 所示，完成局部视图的创建，如图 5-1-26 所示。

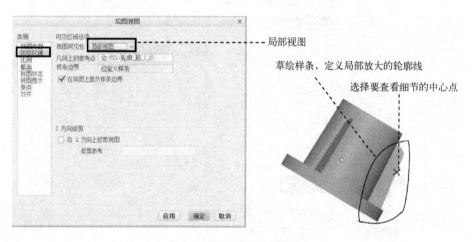

图 5-1-25　创建局部视图

4）视图显示。在"绘图视图"对话框"类别"区域下的"视图显示"选项卡中，"显示样式"设置为"消隐"样式，"相切边显示样式"设置为"无"样式，单击"确定"按钮，关闭对话框，完成视图显示设置，如图 5-1-27 所示。

6. 创建轴测图

1）视图定向。

① 打开支座的三维建模源文件，单击"视图控制"工具条中的"已保存方向"按钮，在下拉菜单中选择"重定向"，系统弹出"方向"对话框。

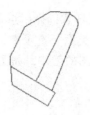

图 5-1-26　局部视图效果　　　　　　　　　　图 5-1-27　视图显示

②调整三维建模图方向，定义后续轴测图的视图方向。

③单击"方向"对话框"已保存方向"按钮，在展开的下拉菜单的"名称"文本框中输入"001"，单击"保存"按钮，再单击"确定"按钮，完成视图定向的设置，如图 5-1-28 所示。

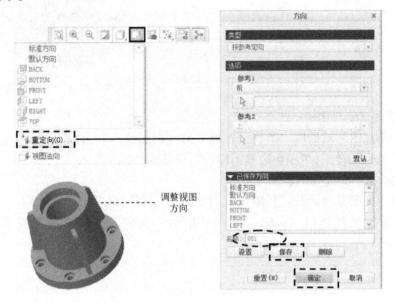

图 5-1-28　视图定向

④保存三维建模源文件。

2）创建轴测图。

①重新打开工程图文件。在绘图区中右击，系统弹出快捷菜单如图 5-1-29 所示，在快捷菜单中选择"常规视图"命令，此时系统会弹出"选择组合状态"对话框，如图 5-1-30 所示，系统默认"无组合状态"，直接单击"确定"按钮。

图 5-1-29　快捷菜单　　　　　　　　图 5-1-30　"选择组合状态"对话框

② 在绘图区任意选择一点单击，此时系统会弹出"绘图视图"对话框，选择"类别"区域下的"视图类型"选项卡，选择模型视图名"001"，单击"应用"按钮，如图 5-1-31 所示，完成轴测图的创建，如图 5-1-32 所示。

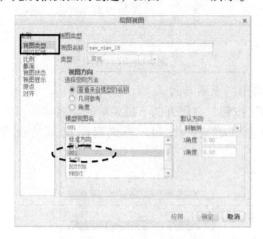

图 5-1-31　创建轴测图

图 5-1-32　轴测图效果

③ 调整视图显示与比例。

◇ 在"绘图视图"对话框"类别"区域下的"视图显示"选项卡中，"显示样式"设置为"消隐"样式，"相切边显示样式"设置为"默认"样式，单击"确定"按钮，关闭对话框，完成视图显示设置。

◇ 在"绘图视图"对话框"类别"区域下的"比例"选项卡中，选中"自定义比例"按钮，并输入比例值"0.9"，单击"应用"按钮，完成工程图视图的创建，如图 5-1-33 所示。

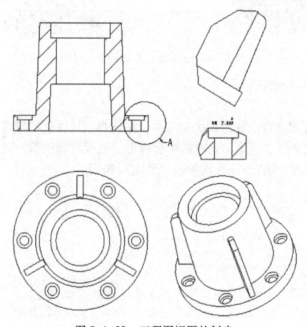

图 5-1-33　工程图视图的创建

5.1.2 任务注释

1. 新建工程图文件

Creo 软件中的工程图模块支持多页面，允许定制带有草绘几何的工程图和工程图格式。创建工程图一般过程如下。

（1）创建工程图的一般过程

1）新建工程图文件，进入工程图模块环境。

2）创建视图。包括添加常规视图、投影视图以及相关辅助视图，并根据要求设置视图的显示模式等。

3）标注。包括显示模型尺寸、将多余尺寸拭除、添加新尺寸、添加基准和形位公差、标注表面粗糙度等。

4）技术要求。

（2）进入绘图模式

进入绘图模式的具体步骤如下。

1）单击"新建"按钮，系统弹出"新建"对话框，选择类型"绘图"，在"名称"文本框中输入文件名，单击"确定"按钮，如图 5-1-34 所示。

2）"指定模板"选项组中，包含"使用模板""格式为空""空"3 个选项。

①"使用模板"选项：在"模板"列表中选择相应的绘图模板，如图 5-1-35 所示。

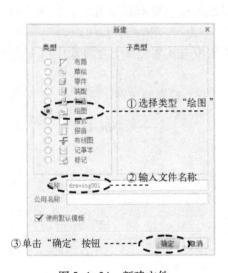

图 5-1-34　新建文件

图 5-1-35　"使用模板"选项

②"格式为空"选项：不使用绘图模板，但采用格式文件（图框文件）时使用，在"格式"中单击"浏览"按钮查找相应的格式文件，如图 5-1-36 所示。

③"空"选项：不使用绘图模板，也不在使用格式文件时使用，在"方向"选项组中选择方向（纵向、横向、可变），在"大小"选项组中选择标准的图纸规格，如图 5-1-37 所示。

3）单击"确定"按钮，进入绘图界面。

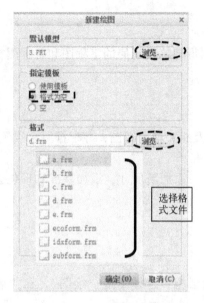

图 5-1-36 "格式为空"选项　　　　图 5-1-37 "空"选项

2. 视图创建

（1）添加视图

1）视图种类。在 Creo 3.0 软件中，添加的视图类型主要有以下几种，如图 5-1-38 所示。

① 常规视图：用户自定义视图方向，与其他视图没有从属关系。在页面中第一个创建的视图就是常规视图。

② 投影视图：沿一个视图的上方、下方、左方、右方投影的视图。

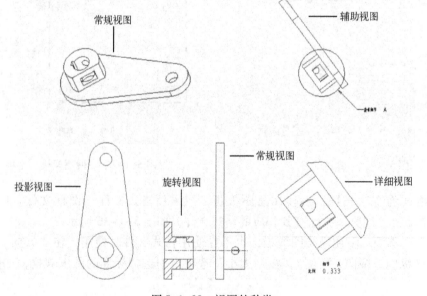

图 5-1-38 视图的种类

③ 详细视图：对于视图中某些局部区域进行放大的视图。

④ 辅助视图：垂直于倾斜面、基准面或沿着轴的90°方向建立的视图。

⑤ 旋转视图：现有视图的一个剖面，绕切割平面投影旋转90°。

2）视图类型。在确定了视图类型后，还要指定该视图中所要显示的模型范围，主要包括以下几种，如图5-1-39所示。

① 全视图：显示整个模型。

② 半视图：仅显示所选择基准面一侧的模型。

③ 局部视图：仅显示所划定边界中的模型。

④ 破断视图：移除某区域中模型的截面，仅显示模型剩下的部分。

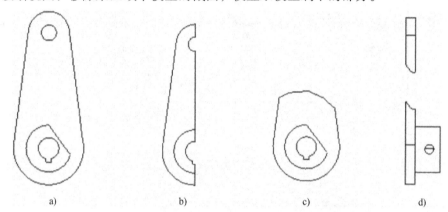

a)   b)   c)   d)

图5-1-39　视图类型

a）全视图　b）半视图　c）局部视图　d）破断视图

（2）添加剖视图

按剖切的范围大小，剖视图可以分为全剖视图、半剖视图和局部剖视图，如图5-1-40所示。

① 全剖视图：用剖切平面完全剖开机件所得到的剖视图。

② 半剖视图：当机件结构对称时，在垂直于机件对称平面的投影面上的视图，以中心线为界，一半画成剖视图，一半画成视图。

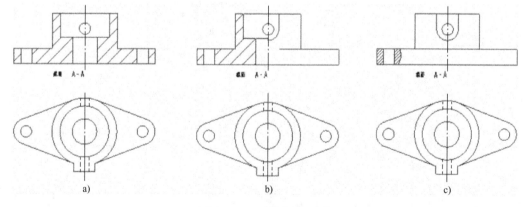

a)   b)   c)

图5-1-40　剖视图的种类

a）全剖视图　b）半剖视图　c）局部剖视图

③ 局部剖视图：用剖切面局部地剖开机件。

（3）"绘图视图"对话框

"绘图视图"对话框中类别包括视图类型、可见区域、比例、截面、视图状态、视图显示、原点、对齐共 8 个方面，如图 5-1-41 所示。

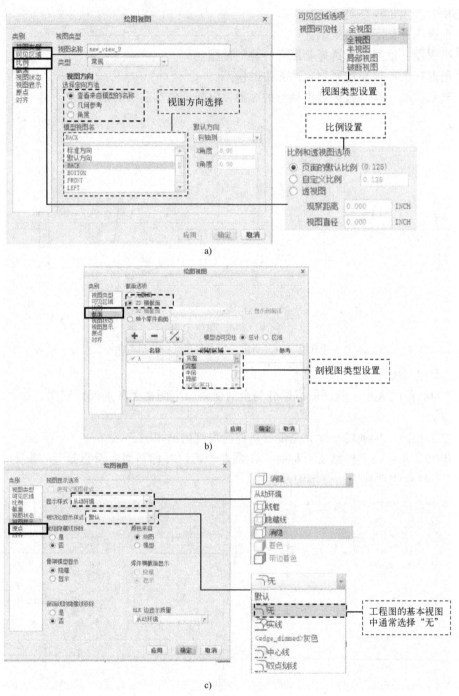

图 5-1-41 "绘图视图"对话框

a）"可见区域"和"比例"设置　b）"截面"设置　c）"视图显示"设置

5.1.3 课后练习

完成图 5-1-42 所示零件的三维建模与工程图视图的创建。

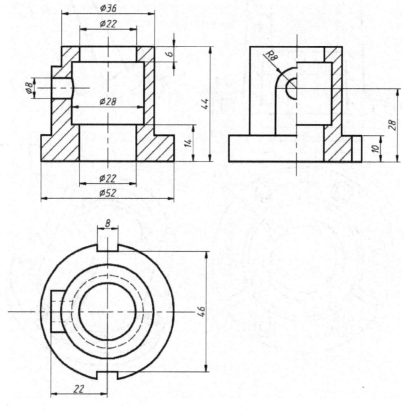

图 5-1-42 零件图

提示：工程图中利用"绘图属性"中"截面"类型创建全剖视图和半剖视图。

任务 5.2 支座的工程图创建（二）——学习尺寸标注

本任务将以如图 5-2-1 所示支座的工程图创建，说明 Creo 3.0 软件中尺寸的标注方法。

5.2.1 任务学习

1. 配置文件

选择【文件】下拉菜单→【准备】→【绘图属性】命令。系统弹出"绘图属性"对话框，如图 5-2-2 所示，单击"更改"按钮，系统弹出"选项"对话框，设置线性尺寸的默认文本方向，使文字方向与尺寸线垂直，如图 5-2-3 所示。

注意：用户可根据尺寸标注需求进行配置文件的设置。

本任务中需完成如表 5-1 所示设置。

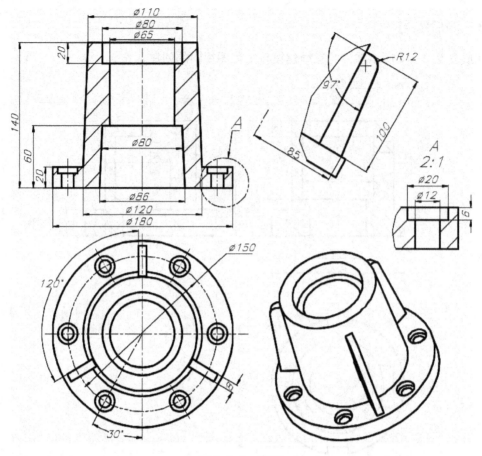

图 5-2-1 支座

图 5-2-2 "绘图属性"对话框

表 5-1 配置文件

选　项	值	备　注
default_lindim_text_orientation	parallel_to_and_above_leader	设置线性尺寸的默认文本方向
text_height	5	设置新创建注释的默认文本高度
text_width_factor	0.7	设置文本宽度和高度间的默认比值
draw_arrow_length	6	设置指引线箭头的长度
draw_arrow_width	1.8	设置指引线箭头的宽度
default_angdim_text_orientation	horizontal	设置角度尺寸的默认文本方向

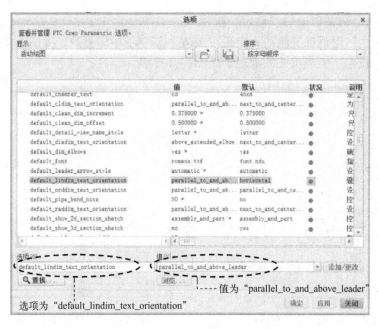

图5-2-3　线性尺寸的默认文本方向设置

2. 创建主视图尺寸

（1）创建被驱动尺寸　　　　　　　　　　　　　　　　　　——创建尺寸【1】

单击"注释"选项卡"注释"区域中的"显示模型注释"按钮 ，系统弹出"显示模型注释"对话框，选择主视图，对话框中将被驱动尺寸在工程图中自动显现出来，如图5-2-4所示，选择需要显示的尺寸，单击"应用"按钮或"确定"按钮，如图5-2-5所示。

图5-2-4　"显示模型注释"对话框

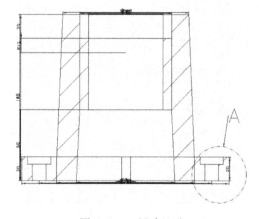

图5-2-5　尺寸显示

说明：若要将被驱动尺寸显示出来，建议在三维建模时尽量按图纸尺寸草绘与建模。

（2）尺寸操作　　　　　　　　　　　　　　　　　　——尺寸的操作【2】

① 清理尺寸。由于尺寸堆积，分辨不清，必须将尺寸进行清理。

◇ 单击"注释"选项卡"注释"区域中的"清理尺寸"按钮。

◇ 系统会弹出"清理尺寸"对话框，选择需要清理的主视图，按鼠标中键确定（或单击"选取"对话框中的"确定"按钮)。

◇"清理尺寸"对话框被激活，定义"放置"选项卡中的参数，如图 5-2-6 所示，单击"应用"按钮，完成尺寸的清理，如图 5-2-7 所示。

图 5-2-6 "清理尺寸"对话框

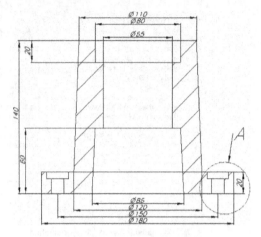

图 5-2-7 清理尺寸效果

② 移动尺寸。单击选择要移动的尺寸，当尺寸加亮后，再将鼠标指针放在要移动的尺寸文本上，按住鼠标左键，并移动鼠标，尺寸及尺寸文本会随之移动，调整后如图 5-2-9 所示。

③ 拭除尺寸。若发现有多余的尺寸，可以将其拭除。拭除的方法：选中某个尺寸后，在尺寸标注位置线或尺寸文本上右击，会弹出图 5-2-8 所示快捷菜单，选择"拭除"命令，然后再单击，系统会拭除选取的尺寸，即该尺寸在视图中不显示。尺寸移动和拭除后的主视图如图 5-2-9 所示。

图 5-2-8 快捷菜单

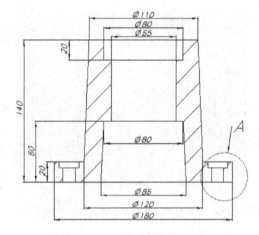

图 5-2-9 尺寸移动和拭除后效果图

3. 创建俯视图尺寸

（1）创建构造圆

① 单击"草绘"选项卡"草绘"区域中的"构造圆"按钮，系统弹出"捕捉参考"对话框，单击"选择参考"按钮 ，选取圆弧，用于捕捉圆心，按鼠标中键确定。

240

② 以点 A 为圆心，线段 AB 长为半径绘制圆，按中键确定，如图 5-2-10 所示完成构造圆的创建。

（2）创建辅助线

① 单击"草绘"选项卡"草绘"区域中的"线"按钮，系统弹出"捕捉参考"对话框，单击"选择参考"按钮 ⯈，选取圆弧，用于捕捉圆心，按鼠标中键确定。

② 单击 C 点，再单击 D 点，按鼠标中键确定，如图 5-2-11 所示完成线的绘制。

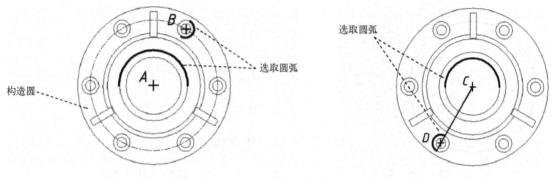

图 5-2-10　创建构造圆　　　　　　　　图 5-2-11　绘制线

③ 选取线段 CD，单击"草绘"选项卡"格式"区域中的"线型"按钮 ✎，系统弹出"修改线型"对话框，在"复制自"选项组的"样式"中选取"中心线"，单击"应用"按钮，关闭对话框，如图 5-2-12 所示，完成辅助线的创建，如图 5-2-13 所示。

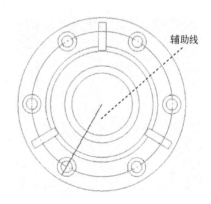

图 5-2-12　"修改线型"对话框　　　　　图 5-2-13　创建辅助线

（3）创建基准轴线

在"草绘"选项卡"注释"区域中单击"模型基准"按钮的下拉箭头，在下拉列表单击"模型基准轴"按钮。系统弹出基准"轴"对话框，在此对话框中进行下列操作。

① 单击该对话框中的"定义"按钮，系统弹出的"基准轴"菜单管理器，在菜单中单击"过柱面"按钮，然后选取视图轮廓（即模型圆柱的边线）。

② 在基准"轴"对话框的"显示"选项组中单击 ⒜ 按钮。

③ 单击"确定"按钮，系统即在每个视图中均创建基准轴符号，如图 5-2-14 所示。

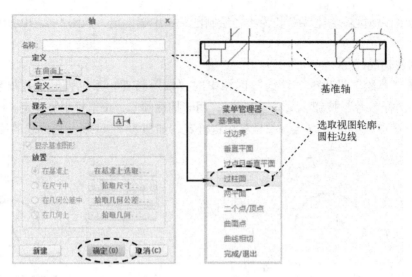

图 5-2-14 基准轴的创建

④ 调整基准轴长度。单击基准轴，系统弹出移动手柄，拉长至所需长度，如图 5-2-15 所示。

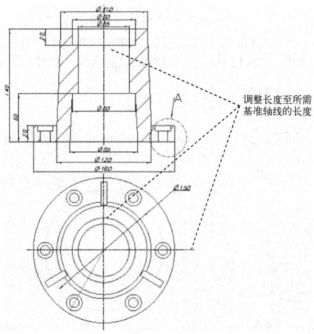

图 5-2-15 基准轴线的创建

（4）创建草绘尺寸

① 标注 ϕ150。在"注释"选项卡"注释"区域中单击"尺寸"按钮，系统弹出"选择参考"对话框。双击俯视图 ϕ150 的构造圆，移动鼠标，选择尺寸文本放置位置，单击鼠标中键，确定尺寸文本位置，完成 ϕ150 的标注。在"选择参考"对话框单击"取消"按钮，结束标注。

②标注30°。在"注释"选项卡"注释"区域中单击"尺寸"按钮,系统弹出"选择参考"对话框。按住〈Ctrl〉键分别选取辅助线和基准线,移动鼠标,选择尺寸文本放置位置,单击鼠标中键,确定尺寸文本位置,在"选择参考"对话框单击"取消"按钮,结束标注。

③标注120°。利用同样的方法,标注120°。

④标注长度8。利用同样的方法,标注"8",如图5-2-16所示。

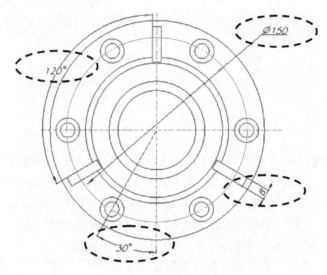

图5-2-16 俯视图尺寸标注

4. 创建斜视图尺寸

(1) 尺寸标注

①标注长度100。在"注释"选项卡"注释"区域中单击"尺寸"按钮,系统弹出"选择参考"对话框。按住〈Ctrl〉键分别选取肋板的辅顶边和底边,移动鼠标,选择尺寸文本放置位置。单击鼠标中键,确定尺寸文本位置,在"选择参考"对话框单击"取消"按钮,结束标注。

②标注角度97°。利用同样的方法,标注角度97°。

③标注R12。在"注释"选项卡"注释"区域中单击下拉箭头,如图5-2-17所示,单击下拉列表中的"Z-半径尺寸"按钮 ,单击选取R12圆弧边,移动鼠标,选择尺寸文本放置位置,单击鼠标中键,确定尺寸文本位置,如图5-2-18所示。

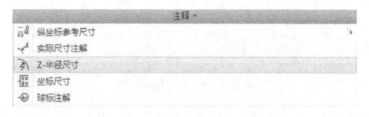

图5-2-17 "注释"下拉列表

(2) 标注长度85

①创建全视图。双击斜视图,系统弹出"绘制视图"对话框,选择"类别"区域下的

"可见区域"选项，将"视图可见性"设置为"全视图"。单击"应用"按钮，完成全视图的创建，如图 5-2-19 所示。

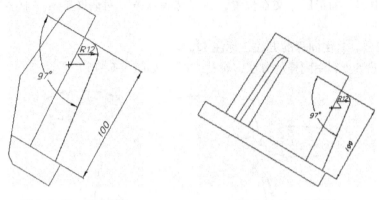

图 5-2-18　尺寸标注　　　　　　　　图 5-2-19　全视图

② 创建基准轴线。在"注释"选项卡"注释"区域中单击"模型基准"下拉列表中的"模型基准轴"按钮。系统弹出基准"轴"对话框，在此对话框中进行下列操作。

◇ 单击该对话框中的"定义"按钮，系统弹出的"基准轴"菜单管理器，在菜单中单击"过柱面"按钮，然后选取视图轮廓（即模型圆柱的边线）。

◇ 在基准"轴"对话框的"显示"选项组中单击 **A** 按钮。

◇ 单击"确定"按钮，系统即在视图中创建基准轴符号，如图 5-2-20 所示。

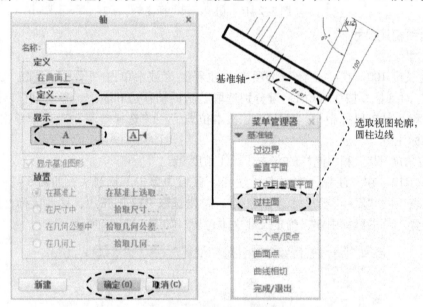

图 5-2-20　基准轴的创建

③ 标注长度 84.91。在"注释"选项卡"注释"区域中单击"尺寸"按钮，系统弹出"选择参考"对话框。按住〈Ctrl〉键分别选取基准轴线和筋板底面上的点，移动鼠标，选择尺寸文本放置位置，单击鼠标中键，确定尺寸文本位置，在"选择参考"对话框单击"取消"按钮，结束标注，如图 5-2-20 所示。

244

④ 尺寸 84.91 修改为尺寸 85。双击尺寸"84.91"，系统弹出"尺寸属性"对话框，将"属性"选项卡中的"值和显示"选项组中"小数位数"设置为"0"，单击"确定"按钮，如图 5-2-21 所示。

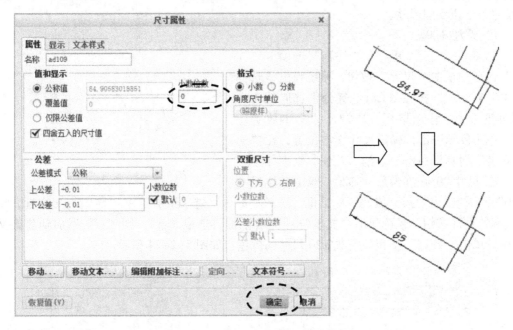

图 5-2-21 "尺寸属性"对话框

⑤ 重新生成局部视图。

◇ 双击斜视图，系统弹出"绘制视图"对话框，选择"类别"区域下的"可见区域"选项，将"视图可见性"设置为"局部视图"。

◇ 绘制局部视图的边界线。在斜视图上任意选择要查看细节的中心点，草绘样条，定义要进行局部放大的轮廓线，按鼠标中键结束轮廓线的绘制。

◇ 单击"应用"按钮，完成局部视图的创建，如图 5-2-22 所示，最终完成斜视图的尺寸标注，如图 5-2-23 所示。

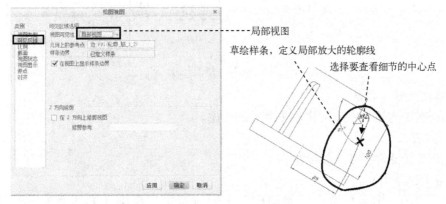

图 5-2-22 创建局部视图

5. 创建局部放大视图尺寸

（1）方法一

通过在"注释"选项卡"注释"区域中单击"尺寸"按钮创建尺寸。

1）标注 φ20。

① 标注尺寸"20"。在"注释"选项卡"注释"区域中单击"尺寸"按钮，系统弹出"选择参考"对话框。按住〈Ctrl〉键分别选取沉头孔的两条边线，移动鼠标，选择尺寸文本放置位置，单击鼠标中键，确定尺寸文本位置，在"选择参考"对话框单击"取消"按钮，结束标注。

② 尺寸 20 修改为尺寸 φ20。双击标注尺寸

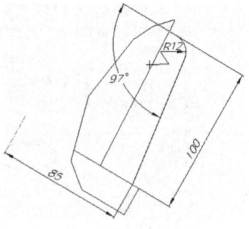

图 5-2-23　斜视图的尺寸标注

"20"，系统弹出"尺寸属性"对话框，选择"显示"选项卡，选中"前缀"文本框，单击"文本符号"按钮，系统弹出"文本符号"对话框，选取"φ"，则"φ"添加到前缀文本框中。单击"确定"按钮，完成 φ20 尺寸的标注，如图 5-2-24 所示。

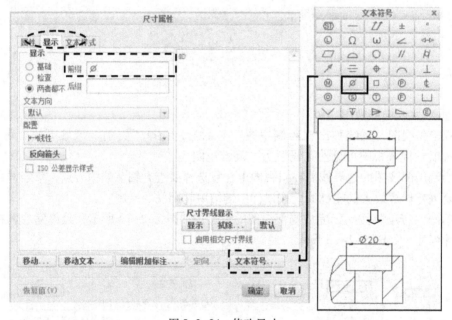

图 5-2-24　修改尺寸

2）标注尺寸 6 和 φ12。

利用同样的方法，完成尺寸 φ12 和 6 的标注。

（2）方法二

通过创建被驱动尺寸添加标注。

1）取消拭除尺寸。

选取主视图，则系统会在"绘图树"中同时选中主视图（本示例中主视图显示为 ▯_庸部_4），在绘图树中单击 ▯_庸部_4 下方的 ▸注释 节点，绘图树展开，按住〈Ctrl〉键，单击依次选择被拭除的尺寸"φ12""φ20"和"6"，然后右击，在弹出的快捷菜单中选择"取消拭

246

除"命令，如图5-2-25所示，"φ12""φ20"和"6"三个尺寸显示在主视图中。

2）移动尺寸到局部放大视图。

按住〈Ctrl〉键，在主视图中依次选取"φ12""φ20"和"6"，然后右击，在弹出的快捷菜单中选择"移动到视图"命令，单击局部放大视图，三个尺寸就被移动到局部放大视图中，完成局部放大视图的标注，如图5-2-26所示。

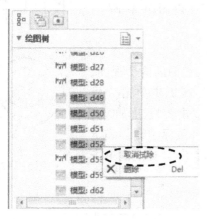

图5-2-25　取消拭除

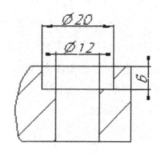

图5-2-26　局部放大视图标注

此外，若该工程图中有公差、表面粗糙度和技术要求，应按国标规范予以绘制。

——其他标注【3】

5.2.2　任务注释

1. 创建尺寸

（1）尺寸类型

在工程图模式下，可以创建三种类型尺寸，分别为被驱动尺寸、草绘尺寸和参考尺寸。

1）被驱动尺寸。被驱动尺寸指来自零件三维建模中模型的尺寸。利用"注释"选项卡"注释"区域中的"显示模型注释"按钮，将被驱动尺寸在工程图中自动显现出来。

说明：

◇ 在三维模型上修改模型的尺寸，则这些尺寸在工程图上随之变化，反之亦然。

◇ 在工程图中可以修改被驱动尺寸值的小数位数，但舍入之后的尺寸值不能驱动几何模型的修改。

2）草绘尺寸。在工程图中，利用"注释"选项卡"注释"区域中的"尺寸"按钮 尺寸，可以手动标注两个草绘图元之间、草绘图元与模型对象间以及模型对象本身的尺寸。这类草绘尺寸，可以被删除，但创建的草绘尺寸不能驱动三维模型，即草绘尺寸大小改变，不能引起零件三维模型的变化。

3）参考尺寸。利用"注释"选项卡"注释"区域中的"参考尺寸"按钮，可以将草绘图元之间、草绘图元与模型对象之间以及模型对象本身的尺寸标注成参考尺寸。参考尺寸一般带"参考"二字，区别于其他草绘尺寸。

（2）创建尺寸

1）创建被驱动尺寸。利用"注释"选项卡"注释"区域中的"显示模型注释"按钮，将被驱动尺寸在工程图中自动显现出来。

2）创建草绘尺寸。草绘尺寸主要用于手动标注工程图中两个草绘图元之间、草绘图元与模型对象之间以及模型对象本身的尺寸。草绘尺寸分为一般尺寸、参考尺寸和坐标尺寸三种类型，分别对应"注释"选项卡"注释"区域中的"尺寸"按钮、"参考尺寸"按钮、"纵坐标尺寸"按钮。以图 5-2-27 为例说明草绘尺寸的创建方法。

① 添加一般尺寸。

a. 标注 ϕ40。如图 5-2-28 所示，创建工程图的两个视图，然后添加尺寸。在"注释"选项卡"注释"区域中单击"尺寸"按钮，系统弹出"选择参考"对话框。双击俯视图 ϕ40 的圆，移动鼠标，选择尺寸文本放置位置，单击鼠标中键，确定尺寸文本位置，完成 ϕ40 的标注。在"选择参考"对话框单击"取消"按钮，结束标注。

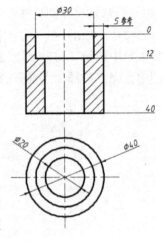

图 5-2-27 示例

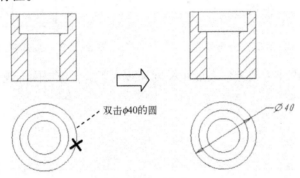

图 5-2-28 标注 ϕ40

b. 标注 ϕ20。利用同样的方法，标注 ϕ20，如图 5-2-29 所示。

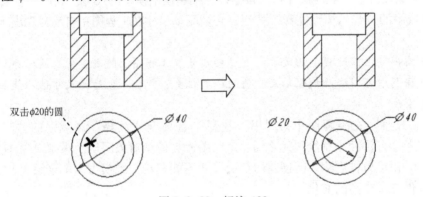

图 5-2-29 标注 ϕ20

c. 标注 ϕ30。在"注释"选项卡"注释"区域中单击"尺寸"按钮，系统弹出"选择参考"对话框。按住〈Ctrl〉键分别选取模型的两条边线，如图 5-2-30 所示，移动鼠标，选择尺寸文本放置位置，单击鼠标中键，确定尺寸文本位置，在"选择参考"对话框单击"取消"按钮，结束标注。

248

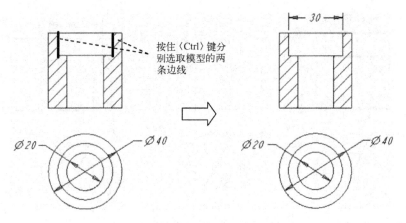

图 5-2-30 标注尺寸 30

双击标注尺寸"30",系统弹出"尺寸属性"对话框,选择"显示"选项卡,选中"前缀"文本框,单击"文本符号"按钮,系统弹出"文本符号"对话框,选取"φ",则"φ"添加到前缀文本框中。单击"确定"按钮,完成 φ30 尺寸的标注,如图 5-2-31 所示。

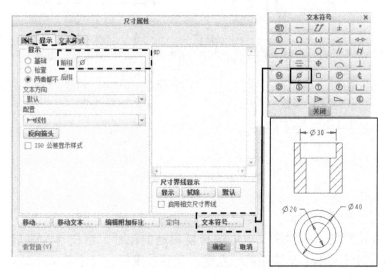

图 5-2-31 修改尺寸

② 添加坐标尺寸。在"注释"选项卡"注释"区域中单击"纵坐标尺寸"按钮,系统弹出"选择参考"对话框。按住〈Ctrl〉键依次选取模型的"边线 1"和"边线 2",如图 5-2-32 所示,移动鼠标,选择尺寸文本放置位置,单击鼠标中键,确定尺寸文本位置,完成"20"的尺寸标注。再按住〈Ctrl〉键选取模型的"边线 3",移动鼠标,选择尺寸文本放置位置,单击鼠标中键,确定尺寸文本位置,完成"40"的尺寸标注。在"选择参考"对话框单击"取消"按钮,结束标注。

③ 添加参考尺寸。在"注释"选项卡"注释"区域中单击"参考尺寸"按钮,系统弹出"选择参考"对话框。按住〈Ctrl〉键依次选取模型的两条边线,如图 5-2-33 所示,移动鼠标,选择尺寸文本放置位置,单击鼠标中键,确定尺寸文本位置,完成"5 参考"的参考尺寸标注。在"选择参考"对话框单击"取消"按钮,结束标注,最终完成示例的标注。

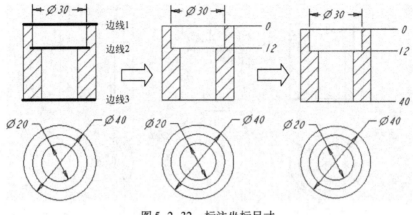

图 5-2-32　标注坐标尺寸

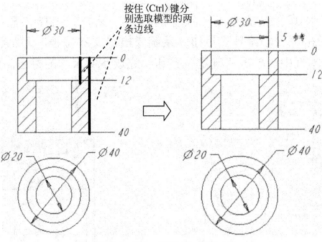

图 5-2-33　标注参考尺寸

2. 尺寸的操作

（1）移动尺寸及尺寸文本

移动尺寸及尺寸文本的方法：单击选择要移动的尺寸，当尺寸加亮后，再将鼠标指针放在要移动的尺寸文本上，按住鼠标左键，并移动鼠标，尺寸及尺寸文本会随之移动。

（2）尺寸编辑

尺寸编辑的操作方法：单击要编辑的尺寸，当尺寸加亮后，鼠标右击，系统会根据右击位置的不同弹出不同的快捷菜单，通常有三种情况。

1）快捷菜单样式（一）。选中某个尺寸后，在尺寸标注位置线或尺寸文本上右击，会弹出图 5-2-34 所示快捷菜单。

2）快捷菜单样式（二）。选中某个尺寸后，在尺寸界线上右击，会弹出图 5-2-35 所示快捷菜单。

3）快捷菜单样式（三）。选中某个尺寸后，在尺寸线的箭头上右击，系统会弹出图 5-2-36 所示快捷菜单。

该选项的功能是修改尺寸箭头的样式，箭头样式可以是箭头、实心点和斜杠等，如图 5-2-37 所示。

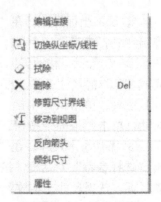

图 5-2-34　快捷菜单

250

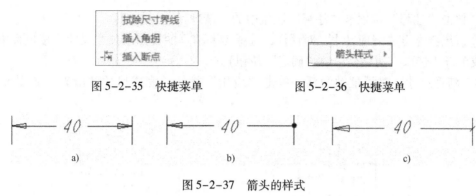

图 5-2-35　快捷菜单　　　　　　　　　图 5-2-36　快捷菜单

图 5-2-37　箭头的样式
a）箭头　b）实心点　c）斜杠

（3）尺寸界线的断开与移除断点

1）尺寸界线的断开。尺寸界线的断开指将尺寸界线一部分断开，操作方法：在"注释"选项卡"注释"区域中单击"断点"按钮，在要断开的尺寸界线上选择两点，即可完成尺寸界线的断开，如图 5-2-38 所示。

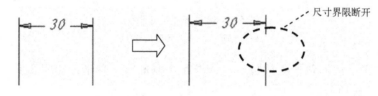

图 5-2-38　尺寸界线断开

2）移除断点。移除断点的作用是将尺寸线断开的部分恢复。操作方法：选择要移除断点的尺寸，然后在该尺寸界线断开的线上右击，系统弹出快捷菜单，在快捷菜单中选择"移除断点"或"移除所有断点"命令，即可将断开的部分恢复，如图 5-2-39 所示。

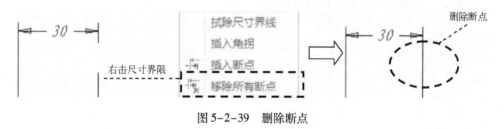

图 5-2-39　删除断点

（4）清理尺寸

Creo 3.0 软件提供了一个便捷的整理工具，就是清理尺寸。在"注释"选项卡"注释"区域中单击"清理尺寸"按钮，可以实现：

◇ 在尺寸界线间或尺寸界线与草绘图元截交处，创建断点；

◇ 在尺寸界线之间居中尺寸，包括带有直径、符号、公差和螺纹符号等文本；

◇ 向模型边、视图边、轴或捕捉线的一侧，放置所有尺寸；

◇ 反向箭头；

◇ 将尺寸的间距保持一致。

清理尺寸操作方法如下。

① 单击"注释"选项卡"注释"区域中的"清理尺寸"按钮。

② 系统会弹出"清理尺寸"对话框，选择需要清理的视图或独立尺寸，按鼠标中键确定（或单击"选取"对话框中的"确定"按钮）。

③ "清理尺寸"对话框被激活，单击"应用"按钮，完成尺寸的清理，如图 5-2-40 所示。

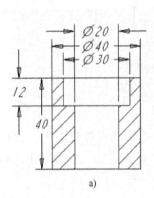 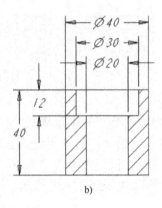

图 5-2-40　清理尺寸示例

a）清理尺寸　b）清理尺寸后

"清理尺寸"对话框包含"放置"选项卡和"修饰"选项卡。说明如下。

1）"放置"选项卡。

① "分隔尺寸"复选框：只有选中该复选框，才可以调整尺寸线的偏距值和增量值，如图 5-2-41 所示。

② "偏移"文本框：指视图轮廓（或所选基准线）与视图中最靠近它们的某个尺寸间的距离，如图 5-2-42 所示。输入偏移值，按〈Enter〉键，然后单击对话框中的"应用"按钮，可将输入的偏移值立即运用到视图当中。

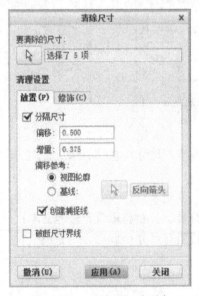 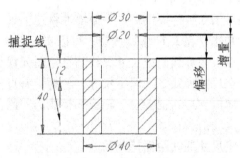

图 5-2-41　"放置"选项卡　　　　　　图 5-2-42　"放置"选项卡说明

③"增量"文本框：指相邻尺寸的间距。输入增量值，按〈Enter〉键，然后单击对话框中"应用"按钮，可将输入的增量值立即运用到视图当中。

④"偏移参考"选项：通常以"视图轮廓"作为偏移参考，也可以选择"基线"作为参考。

⑤"创建捕捉线"复选框：选中该复选框，工程图中便显示捕捉线，捕捉线是表示水平或垂直尺寸位置的一组虚线。单击对话框中的"应用"按钮，可看到屏幕中显示捕捉线。

⑥"破断尺寸界线"复选框：选中该复选框，在尺寸界线与其他草绘图元相交位置处，尺寸界线会自动产生破断。

2）"修饰"选项卡。

①"反向箭头"复选框：选中该复选框，如果视图中某个尺寸的尺寸界线内放不下箭头，该尺寸的箭头会自动反向到外面，如图5-2-43所示。

②"居中文本"复选框：选中该复选框，每个尺寸的文本自动居中。

③"当文本在尺寸界线之间不合适时"选项：视图中某个尺寸的文本太长，在尺寸界线间放不下时，系统会自动将它们放到尺寸线的外部，不过需预先在"水平"和"竖直"区域单击相应的方位按钮，以确定将尺寸文本移出后放在什么方位。

3. 其他标注

（1）创建基准

1）创建基准轴。以图5-2-44为例，说明在工程图模块创建基准轴的一般过程。

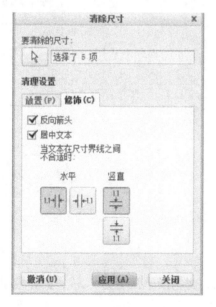

图5-2-43　"修饰"选项卡

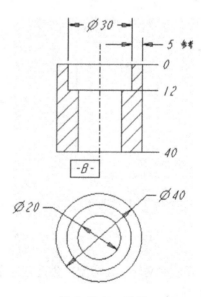

图5-2-44　示例

① 打开模型文件，在模型中创建基准轴，将基准轴命名为"B"，保存模型文件，如图5-2-45所示。

② 进入工程图模块，在"注释"选项卡"注释"区域中单击"模型基准"下拉列表中的"模型基准轴"按钮。系统弹出基准"轴"对话框，在此对话框中进行下列操作。

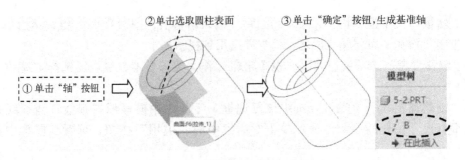

图 5-2-45　模型创建基准轴

◇ 在基准"轴"对话框中的"名称"文本框中输入基准名"B"。

◇ 单击该对话框中的"定义"按钮，系统弹出的"基准轴"菜单管理器，在菜单中单击"过柱面"按钮，然后选取视图轮廓（即模型圆柱的边线）。

◇ 在基准"轴"对话框的"显示"选项组中单击 $^{-A-}$ 按钮。

◇ 在基准"轴"对话框的"放置"选项组中单击"在基准上"单选按钮。

◇ 单击"确定"按钮，系统即在每个视图中均创建基准符号，如图 5-2-46 所示。

◇ 将基准符号移动至合适的位置，基准的移动操作方法与尺寸移动操作方法一样。

◇ 根据图纸要求将某些视图不需要的基准符号拭除。

2）创建基准平面。以图 5-2-47 为例，说明在工程图模块创建基准平面的一般过程。

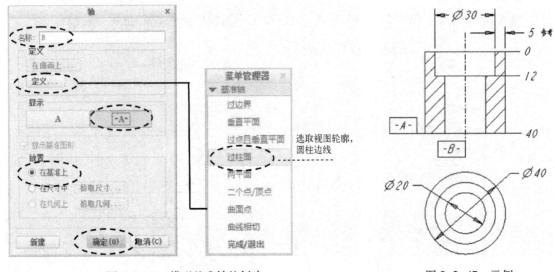

图 5-2-46　模型基准轴的创建　　　　　　　　图 5-2-47　示例

① 打开模型文件，在模型中创建基准平面，将基准轴命名为"A"，保存模型文件，如图 5-2-48 所示。

② 进入工程图模块，在"注释"选项卡"注释"区域中单击"模型基准"下拉列表中的"模型基准平面"按钮。系统弹出"基准"对话框，在此对话框中进行下列操作。

◇ 在"基准"对话框中的"名称"文本框中输入基准名"A"。

◇ 单击对话框中的"在曲面上"按钮，然后选择轮廓底面的边线（即模型下底面的投影）。

254

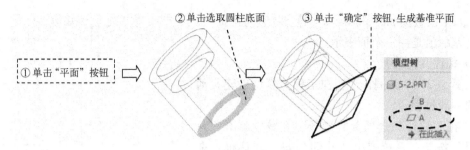

② 单击选取圆柱底面　　　③ 单击"确定"按钮,生成基准平面

① 单击"平面"按钮

图 5-2-48　模型创建基准平面

◇ 在"基准"对话框"显示"选项组中单击 ⁻ᴬ⁻ 按钮。
◇ 在基准"轴"对话框的"放置"选项组中单击"在基准上"单选按钮。
◇ 单击"确定"按钮,系统即在每个视图中均创建基准符号,如图 5-2-49 所示。
◇ 将基准符号移动至合适的位置,基准的移动操作方法与尺寸移动操作方法一样。
◇ 根据图纸要求将某些视图不需要的基准符号拭除。

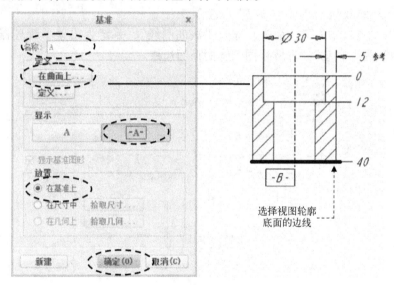

图 5-2-49　模型基准平面的创建

(2) 标注公差

1) 显示尺寸公差。

配置文件 drawing. dtl 中选项 tol_display 和配置文件 config. pro 中选项 tol_mode 与工程图中的尺寸公差有关。如果要在工程图中显示和处理尺寸公差,必须先配置这两个选项。

① tol_display 选项。该选项控制尺寸公差的显示。

◇ 如果设置为 yes,则尺寸标注显示公差;
◇ 如果设置为 no ,则尺寸标注不显示公差。

② tol_mode 选项。该选项控制尺寸公差的显示形式。

◇ 如果设置为 nominal,则尺寸显示名义值,不显示公差;
◇ 如果设置为 limits,则尺寸显示为上限和下限;
◇ 如果设置为 plusminus,则公差值为正负值,正值和负值是独立的;

◇ 如果设置为plusminussym，则公差值为正负值，正负公差的值是用一个值表示。

2）标注几何公差。

以图5-2-50为例，说明在工程图模块创建几何公差的一般过程。

① 在"注释"选项卡"注释"区域中单击"几何公差"按钮。系统弹出"几何公差"对话框。在此对话框左边的公差符号区域中，单击选择平行度公差符号 $//$，如图5-2-51所示。

② 在"模型参考"选项卡中进行如下操作。

◇ 定义公差参考。单击"参考"选项组中的"类型"文本框中下拉箭头，选取"曲面"选项，然后选取视图轮廓底面的边线。

◇ 定义公差的放置。单击"放置"选项组中"类型"文本框中的下拉箭头，选取"法向引线"，系统弹出菜单管理器，选择"引线类型"为"自动"，选取视图轮廓的顶面边线。

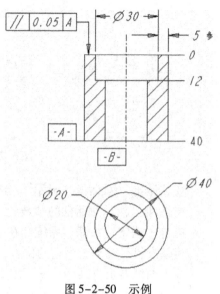

图5-2-50 示例

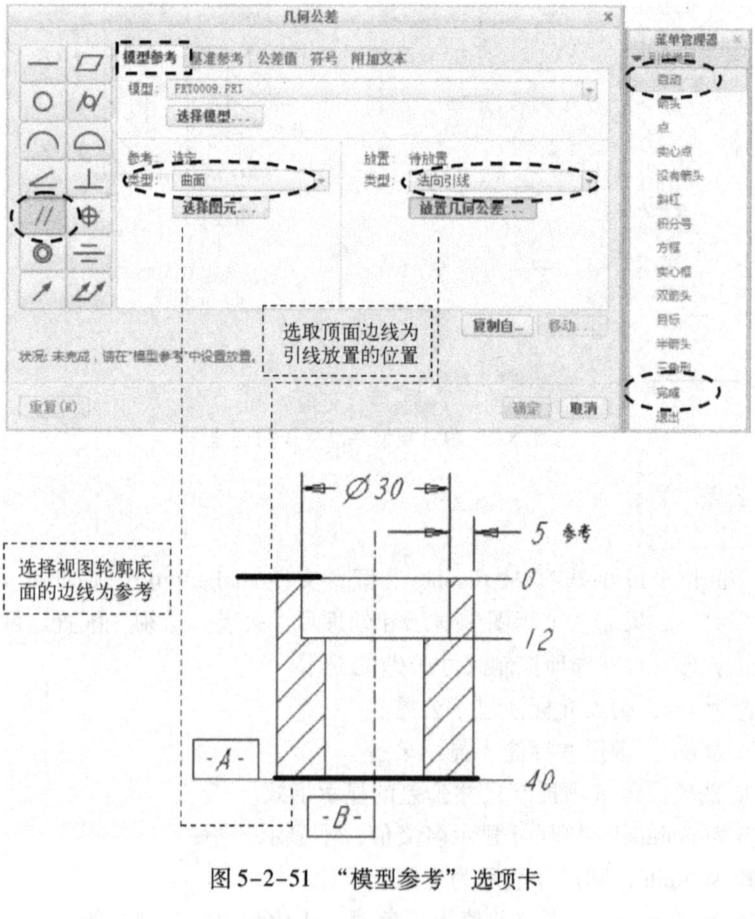

选取顶面边线为引线放置的位置

选择视图轮廓底面的边线为参考

图5-2-51 "模型参考"选项卡

③ 在"基准参考"选项卡中，单击"主要"子选项卡中的"基本"下拉列表，从列表中选取基准"A"，如图5-2-52所示。

图5-2-52 "基准参考"选项卡

注意：若该位置公差参考的基准不止一个，请选择"次要"和"第三"子选项卡，再进行同样的操作，增加第二、三参考。

④ 在"公差值"选项卡中，输入公差值为0.05，按〈Enter〉键，如图5-2-53所示。

图5-2-53 "公差值"选项卡

⑤ 单击"几何公差"对话框中的"确定"按钮，完成几何公差的标注。

⑥ 将几何公差符号移动至合适的位置，移动操作方法与尺寸移动操作方法一样。

（3）标注表面粗糙度

以图5-2-54为例，说明创建表面粗糙度的一般操作过程。

① 在"注释"选项卡"注释"区域中单击"表面粗糙度"按钮，系统弹出"打开"对话框，在该对话框中选取 machined 文件夹，然后

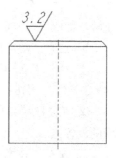

图5-2-54 示例

257

选取 standard1. sym 文件，单击"打开"按钮。

② 系统弹出"表面粗糙度"对话框，在该对话框的"放置"选项组"类型"下拉列表中选择"垂直于图元"选项。

③ 定义放置参考。选取模型的顶面边线作为附着边，然后单击"可变文本"选项卡，在 roughness_height 文本框中输入数值"3.2"，在工程图纸的空白处单击鼠标中键，再单击"确定"按钮，完成表面粗糙度的标注，如图 5-2-55 所示。

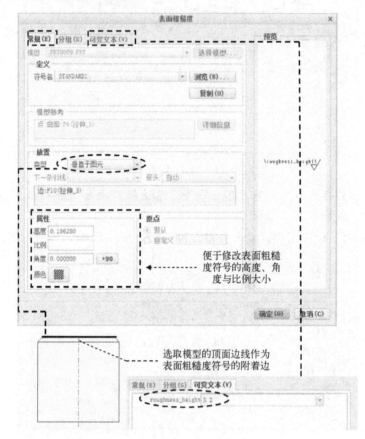

图 5-2-55　创建表面粗糙度

（4）注释文本

在"注释"选项卡"注释"区域中有"注解"按钮 ，Creo 软件提供了 6 种注释文本的方法，分别为独立注解、偏移注解、顶上注解、切向引线注解、法向引线注解、引线注解，如图 5-2-56 所示。本书重点介绍独立注解和引线注解。

1）独立注解。以图 5-2-57 为例，说明独立注解的一般操作过程。

① 单击"注释"选项卡"注释"区域中"注解"按钮的下拉箭头，在下拉列表中单击"独立注解"按钮。

② 在系统弹出的"选取点"对话框中单击单击 按钮，并在绘图区选择一点作为注释的放置点。

③ 输入"技术要求"，在工程图纸的空白处单击两次，退出注释的输入。

图 5-2-56　注解种类

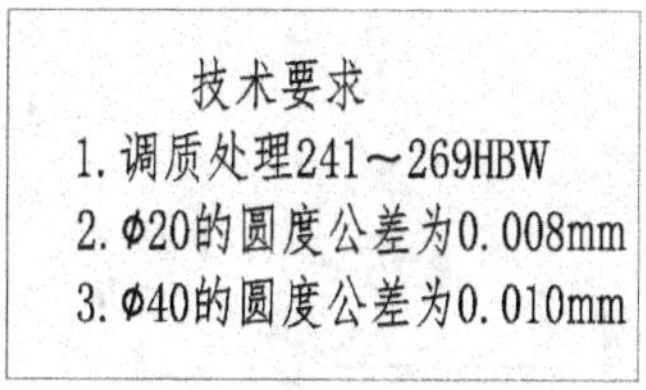

技术要求
1. 调质处理241～269HBW
2. φ20的圆度公差为0.008mm
3. φ40的圆度公差为0.010mm

图 5-2-57　示例

④ 利用同样的方法，重复①②步骤，输入"1. 调质处理 241～269HBW"，按〈Enter〉键；再输入"2. φ20 的圆度公差为 0.008 mm"，按〈Enter〉键；再输入"3. φ40 的圆度公差为 0.010 mm"，在工程图纸的空白处单击两次，退出注释的输入，完成图 5-2-57 所示示例的注释。

注意：符号"φ"的输入，可以从"格式"选项卡"文本"区域中选择，如图 5-2-58 所示。

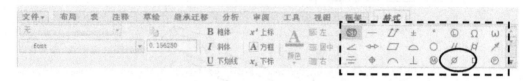

图 5-2-58　特殊符号的输入

2）引线注解。引线注解包括："切向引线注解"（图 5-2-59a）"法向引线注解"（图 5-2-59b）以及"引线注解"。

以图 5-2-59a 为例，说明引线注解的一般操作过程。

① 单击"注释"选项卡"注释"区域中的"注解"按钮的下拉箭头，在下拉列表中单击"切向引线注解"按钮。

② 定义引线注解的图元。单击，选择倒角的斜边。

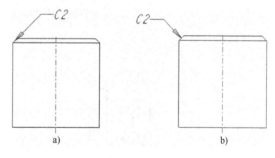

图 5-2-59　引线注释
a）切向引线注解　b）法向引线注解

③ 定义引线注解的位置。在屏幕中将注释移至合适的位置，然后单击鼠标中键确定位置。

④ 输入"C2"，在工程图纸的空白处单击两次，退出注释的输入，完成图 5-2-59a 所示示例的带引线注释。

5.2.3　课后练习

1. 完成图 5-2-60 所示零件的三维建模与工程图创建。
2. 完成图 5-2-61 所示机架的三维建模与工程图创建。
3. 完成图 5-2-62 所示零件的三维建模与工程图创建。

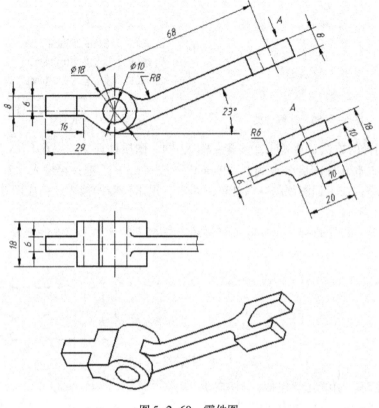

图 5-2-60 零件图

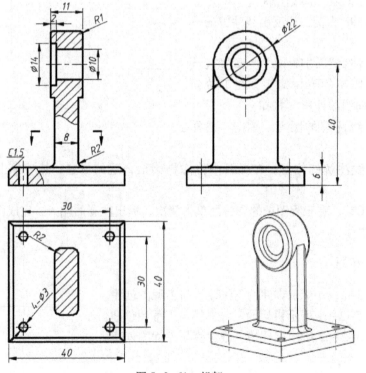

图 5-2-61 机架

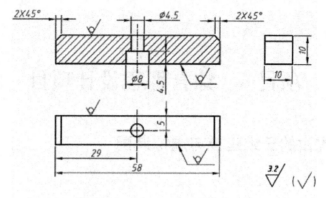

技术要求:
1. 零件棒料采用2A12-H112
2. 零件去毛刺倒角为0.2X45°.

图 5-2-62 零件图

项目6 综合课程设计项目

任务6.1 台虎钳的三维建模与虚拟装配

1. 目的意义

通过台虎钳相关零件的三维建模与台虎钳的虚拟装配，巩固知识，培养学生运用知识、分析问题与解决工程实际问题的能力。

2. 任务要求

1）了解台虎钳的工作原理、结构特点和主要装配连接关系。

2）回顾总结零件三维建模的常用特征命令的操作方法。

3）回顾总结虚拟装配的一般流程与约束添加方法。

4）回顾总结工程图的出图流程，完成全部零件的工程图绘制。

3. 时间安排

1）时间要求：1~1.5周。

2）安排。

①了解与分析台虎钳的工作原理和结构特点，0.5天；

②零件的三维建模，1~2天；

③台虎钳的虚拟装配，0.5~1天；

④零件的工程图 Creo 3.0 出图，1~2天；

⑤整理及答辩，1~2天。

4. 项目作业注意事项

1）严格遵守作息时间，不能迟到、早退。

2）可以相互讨论与研究，但要学会培养自己的独立工作能力，严禁抄袭。

3）注意文件保存，做好备份，以防作业丢失。

5. 项目作业的步骤

1）了解台虎钳的工作原理、结构特点和主要装配连接关系。

2）设置建模环境。主要包括：工作目录、单位（以 mm 为单位）、文件统一命名（如 THQ－01、THQ－02 依次排序）。

3）零件的三维建模。

4）台虎钳的虚拟装配。

5）工程图 Creo 3.0 出图。

6）整理与修改项目作业。

7）答辩。

台虎钳的零件图及装配效果图参见图 6-1-1~图 6-1-10。

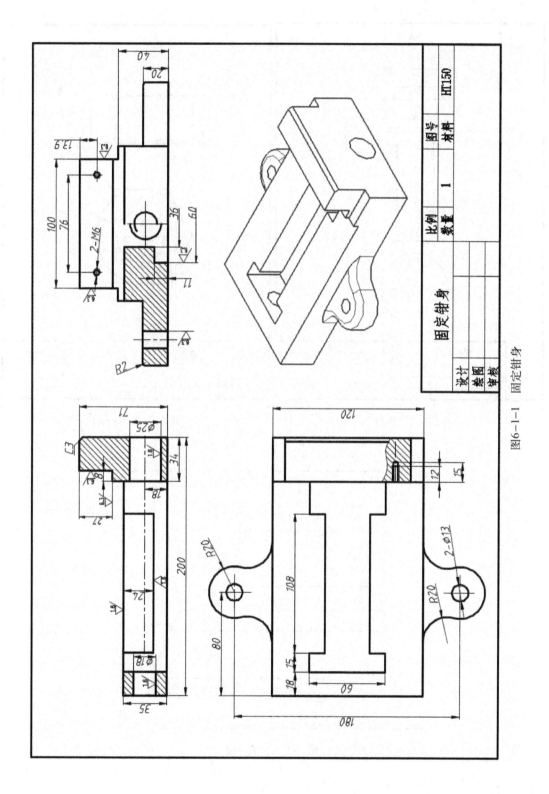

图6-1-1 固定钳身

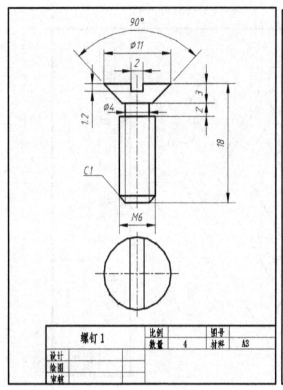

图 6-1-2　螺钉 1

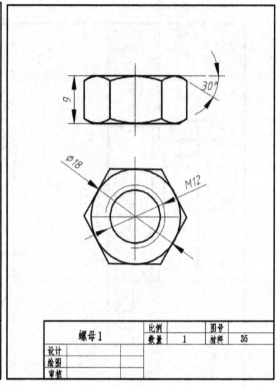

图 6-1-3　螺母 1

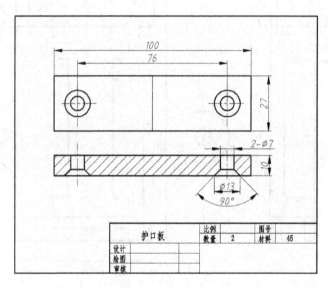

图 6-1-4　护口板

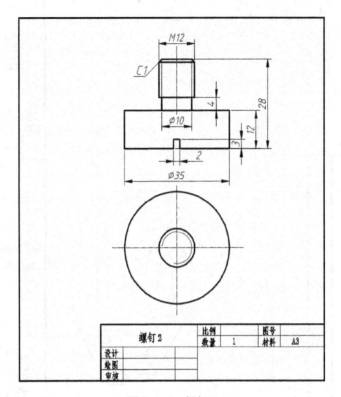

螺钉 2	比例		图号	
	数量	1	材料	A3
设计				
绘图				
审核				

图 6-1-5　螺钉 2

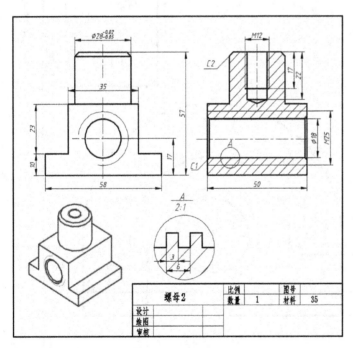

螺母 2	比例		图号	
	数量	1	材料	35
设计				
绘图				
审核				

图 6-1-6　螺母 2

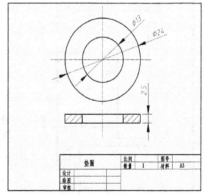

垫圈	比例		图号	
	数量	1	材料	A3
设计				
绘图				
审核				

图 6-1-7　垫圈

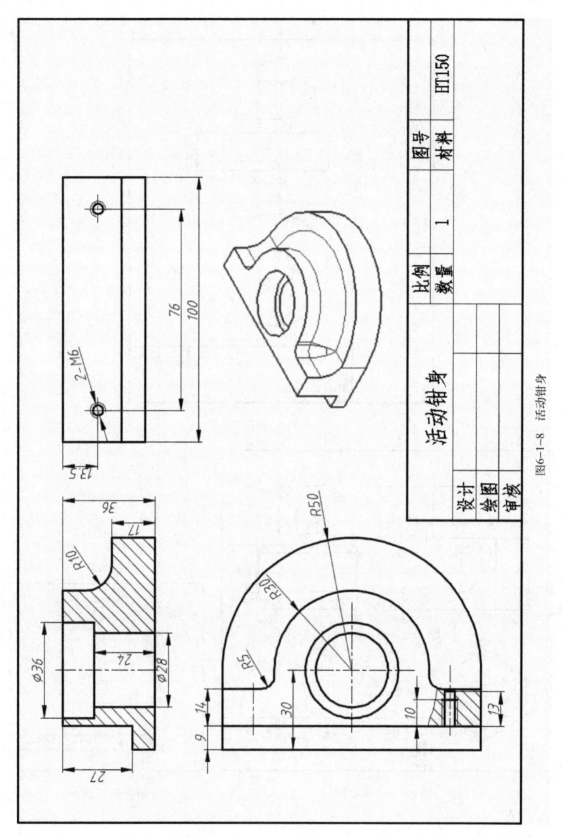

活动钳身

		图号	
		材料	HT150
比例			
数量	1		

设计	
绘图	
审核	

2-M6

100

76

13.5

36

17

R10

Ø36

24

Ø28

27

R50

R30

R5

14

30

9

10

13

图6-1-8 活动钳身

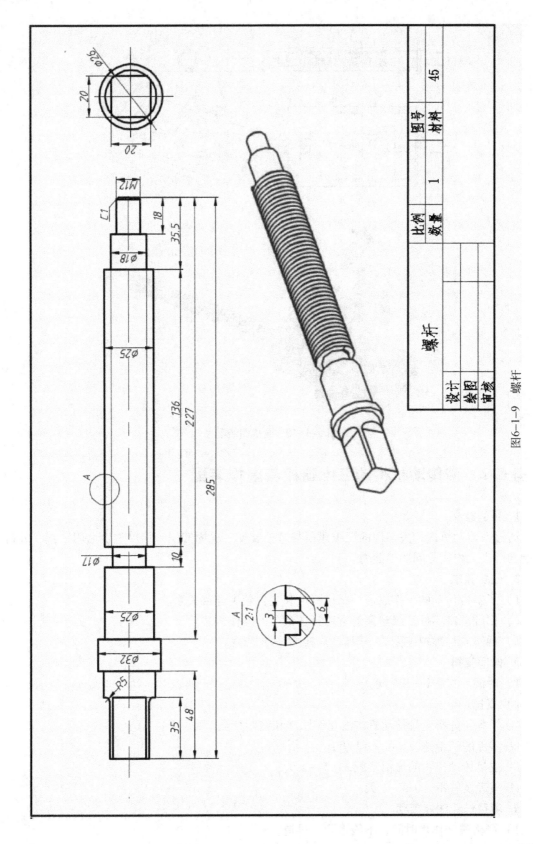

图6-1-9 螺杆

		图号			
比例		材料	45		
数量	1				
设计		螺杆			
绘图					
审核					

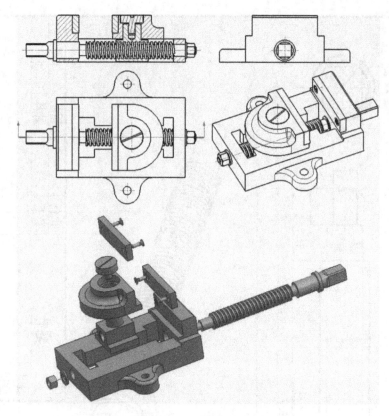

图 6-1-10　台虎钳装配

任务 6.2　带传动机构的三维建模与虚拟装配

1. 目的意义

通过带传动机构相关零件的三维建模与虚拟装配，巩固知识，培养学生运用知识、分析问题与解决工程实际问题的能力。

2. 任务要求

1）了解带传动的工作原理、结构特点和主要装配连接关系。

2）回顾总结零件三维建模的常用特征命令的操作方法。

3）回顾总结虚拟装配的一般流程与约束添加方法。

3. 时间安排

1）时间要求：1～1.5 周。

2）安排。

① 了解与分析皮带传动机构的工作原理和结构特点，0.5 天；

② 零件的三维建模，0.5～1 天；

③ 皮带传动机构的虚拟装配，0.5～1 天；

④ 整理及答辩，0.5～1 天。

4. 项目作业注意事项

1）严格遵守作息时间，不能迟到、早退。

2）可以相互讨论与研究，但要学会培养自己的独立工作能力，严禁抄袭。

3）注意文件保存，做好备份，以防作业丢失。

5. 项目作业的步骤

1）了解带传动机构的工作原理、结构特点和主要装配连接关系。

2）设置建模环境。设置建模环境主要包括：工作目录、单位（以 mm 为单位）、文件统一命名（如 DCD–01、DCD–02 依次排序）。

3）零件的三维建模。

4）皮带传动机构的虚拟装配。

5）整理与修改项目作业。

6）答辩。

带传动机构的零件和装配效果图参见图 6-2-1～图 6-2-10。

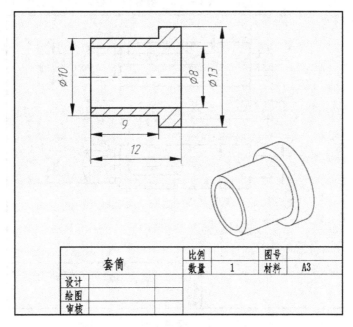

套筒	比例		图号	
	数量	1	材料	A3
设计				
绘图				
审核				

图 6-2-1　套筒

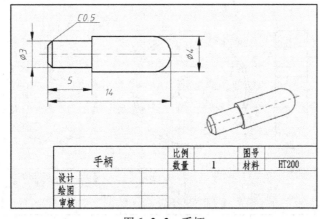

手柄	比例		图号	
	数量	1	材料	HT200
设计				
绘图				
审核				

图 6-2-2　手柄

269

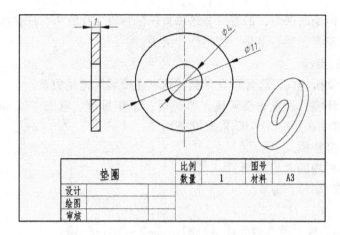

图 6-2-3 垫圈

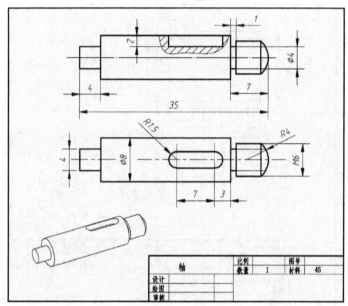

图 6-2-4 轴

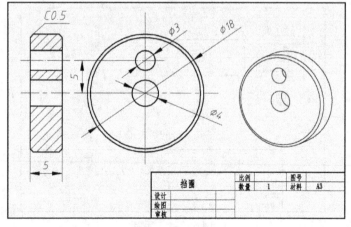

图 6-2-5 挡圈

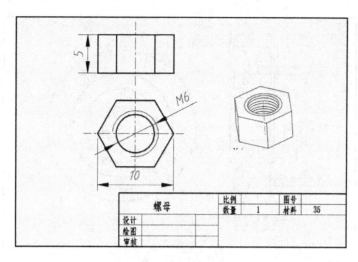

表格内容：

螺母	比例		图号	
	数量	1	材料	35
设计				
绘图				
审核				

图 6-2-6　螺母

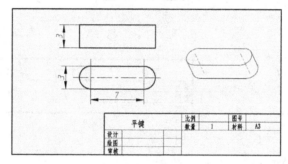

平键	比例		图号	
	数量	1	材料	A3
设计				
绘图				
审核				

图 6-2-7　平键

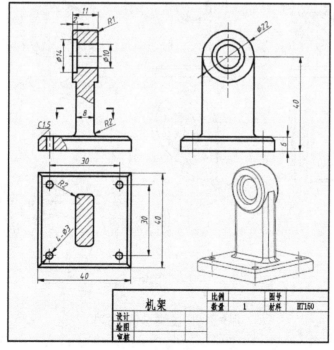

机架	比例		图号	
	数量	1	材料	HT150
设计				
绘图				
审核				

图 6-2-8　机架

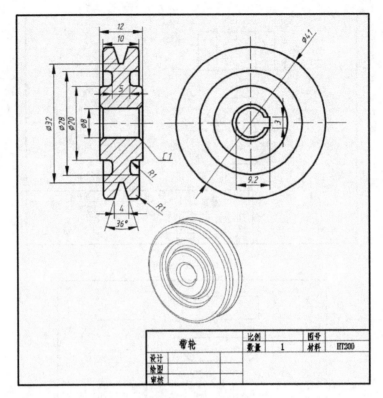

图 6-2-9　带轮

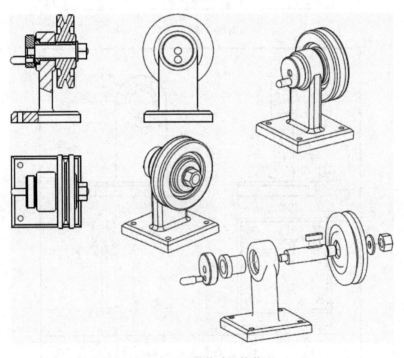

图 6-2-10　带传动机构装配

参 考 文 献

［1］詹友刚. Creo 3.0 机械设计教程［M］. 北京：机械工业出版社，2014.

［2］许尤立. Pro/Engineer 教程与范例［M］. 北京：国防工业出版社，2011.

［3］伍明. 中文版 Creo 3.0 技术大全［M］. 北京：人民邮电出版社，2015.